稀土与钙钡矿物浮选分离的复合抑制剂及其作用机理

曹钊　王介良　著

北　京
冶金工业出版社
2023

内 容 简 介

本书针对稀土与其伴生钙钡脉石矿物浮选分离困难的问题，以氟碳铈矿、萤石和重晶石为研究对象，系统介绍了难免金属离子对氟碳铈矿和钙钡脉石矿物浮选的交互影响，研究了一种钙钡脉石矿物的复合抑制剂，结合理论计算和测试分析，介绍了复合抑制剂对钙钡脉石矿物选择性抑制的机理，最后将该复合抑制剂应用于白云鄂博矿实际矿石稀土浮选，以提高选别指标。

本书可供矿物加工工程领域科研人员、生产技术人员阅读，也可供大专院校相关专业师生参考。

图书在版编目 (CIP) 数据

稀土与钙钡矿物浮选分离的复合抑制剂及其作用机理/曹钊，王介良著． —北京：冶金工业出版社，2023.11

ISBN 978-7-5024-9544-2

Ⅰ．①稀… Ⅱ．①曹… ②王… Ⅲ．①白云鄂博矿区—稀土金属—稀土元素矿床—浮游选矿—研究 Ⅳ．①TD955

中国国家版本馆 CIP 数据核字（2023）第 108827 号

稀土与钙钡矿物浮选分离的复合抑制剂及其作用机理

出版发行	冶金工业出版社	电　话	(010)64027926
地　址	北京市东城区嵩祝院北巷 39 号	邮　编	100009
网　址	www.mip1953.com	电子信箱	service@mip1953.com

责任编辑　杨盈园　美术编辑　彭子赫　版式设计　郑小利
责任校对　王永欣　责任印制　窦　唯
北京捷迅佳彩印刷有限公司印刷
2023 年 11 月第 1 版，2023 年 11 月第 1 次印刷
710mm×1000mm　1/16；8.75 印张；169 千字；130 页
定价 68.00 元

投稿电话　(010)64027932　投稿信箱　tougao@cnmip.com.cn
营销中心电话　(010)64044283
冶金工业出版社天猫旗舰店　yjgycbs.tmall.com
（本书如有印装质量问题，本社营销中心负责退换）

前　言

稀土元素是元素周期表中的镧系元素和钪、钇共17种金属元素的总称，被誉为"工业维生素"，是国家关键战略金属资源。稀土元素因独特的电子层结构，使其具有优异的光、磁、电等特性，在能源环保、冶金机械、石油化工、电子信息、国防军工、航空航天以及高新材料等领域广泛应用。

中国是世界上稀土资源储量最丰富的国家，探明储量居世界首位。氟碳铈矿是典型稀土矿物之一，其常与萤石、重晶石等钙钡脉石矿物伴生。氟碳铈矿与萤石、重晶石等钙钡脉石矿物均为半可溶性盐类矿物，且可浮性相近，浮选过程中交互影响严重，浮选分离难度大，难以获得高品位稀土精矿。稀土精矿品位不高，直接造成后续稀土冶炼过程"三废"排放超标，环境污染大，严重制约我国稀土工业可持续发展。浮选过程中萤石、重晶石等钙钡脉石矿物难被抑制是稀土浮选生产面临的主要技术难题。因此，研究稀土与钙钡脉石矿物的浮选分离具有重要的理论意义和实践价值。

本书针对稀土浮选体系，以氟碳铈矿、萤石、重晶石为研究对象，采用多种试验方法和检测分析手段，重点针对钙钡脉石矿物的高效选择性抑制进行了研究，研发了以"络合调整剂-抑制剂"为组合的钙钡脉石矿物复合抑制剂，形成了基于"表面清洗-络合转化"的钙钡脉石矿物强化抑制技术模型。本书共包括8章，第1章绪论中介绍了稀土资源概况、资源利用与研究现状，以及选矿技术研究方向。第2章介绍了试验材料与研究方法。第3、4章介绍了氟碳铈矿和钙钡脉石矿物的晶体结构、表面特性与浮选行为，捕收剂辛基羟肟酸对氟碳铈矿的捕收作用机制。第5~7章介绍了各类抑制剂对氟碳铈矿与钙钡脉石矿物浮选分离的影响，难免金属离子对氟碳铈矿和钙钡脉石矿物浮选的交互影响，以及优选抑制剂对钙钡脉石矿物的选择性抑制作用机理。第 8 章介绍了白云鄂博稀土矿浮选复合抑制剂应用实践。

本书第 1~4 章由曹钊撰写，第 5~8 章由王介良撰写，王介良对全书进行了统稿。本书撰写过程中，参考了有关文献资料以及曹永丹、李大虎、王晓平、李沛等人对本书提出了宝贵意见，孙韩庭、任浩东等硕士研究生进行了校稿工作，在此向有关文献资料作者以及对本书撰写给予帮助的师生一并表示感谢。

由于作者水平所限，书中若有不妥之处，敬请读者批评指正。

作　者

2023 年 3 月

目　　录

1 绪　　论

1.1　稀土资源概况与利用现状

全球稀土资源储量丰富，但分布不均，主要集中在中国、澳大利亚、俄罗斯、美国、印度、巴西、加拿大等国家。近年来，在越南、蒙古、印度尼西亚、南非、马来西亚等国家也发现了大型的稀土矿床。中国的稀土矿产资源储量丰富，探明稀土储量（以 REO 计）超 5000 万吨，居世界首位，为中国稀土工业发展提供了资源保障。

1.1.1　稀土资源概况

目前已知含稀土矿物约有 250 种，但已开采利用的仅十余种。其中，轻稀土矿物主要有氟碳铈矿、独居石、铈铌钙钛矿，重稀土矿物主要有磷钇矿、褐钇铌矿、离子吸附型稀土矿、钛铀矿等。氟碳铈矿是重要的轻稀土矿类型之一，随着美国芒廷帕斯矿和中国内蒙古的白云鄂博矿的开采，氟碳铈矿取代独居石等稀土矿物而成为稀土的主要来源。我国主要氟碳铈矿矿床主要包括内蒙古白云鄂博氟碳铈矿和独居石混合型稀土矿、山东微山和四川凉山两地的氟碳铈矿型稀土矿。下面就这 3 种典型稀土矿的资源特点、选矿技术、工业发展现状进行总结归纳介绍。

1.1.2　白云鄂博共伴生混合稀土矿资源利用现状

内蒙古白云鄂博矿为大型稀土、铌、钪、铁、萤石、钍等共伴生的多金属沉积变质并热液交代型的矿床，矿物成分复杂多样。目前，已在白云鄂博矿床内发现 71 种元素、170 多种矿物，元素多呈分散状态，同一种元素可以存在于几种甚至多达十几种不同类型的矿物中，矿石类型多，且矿物共生关系密切，嵌布粒度细小。矿石中稀土元素 90%（质量分数）以上以独立矿物形式存在，4% ~7%（质量分数）稀土元素分散于铁矿物和萤石等这些矿物中，矿石中的氟碳铈矿与独居石比值在 6∶4 至 7∶3 左右。稀土矿物的粒度多在 10 ~74μm 之间，40μm 以下的稀土矿物占到 70% ~80%。矿石中除有用的矿物稀土之外，还有铁矿物资源，以及铌矿物、钪矿物等稀贵金属资源，主要脉石矿物包括石英、钠闪石、萤石、重晶石、钠辉石、方解石、白云石、黑云母、长石、黄铁矿等。稀土矿物的可浮性与含钙、钡的脉石矿物萤石、方解石、重晶石相近，磁性与赤铁矿、钠辉石、钠闪石等弱磁性的矿物相近，而密度则与铁矿物、重晶石相近。因此，从白云鄂博矿中分离回收稀土矿物的难度非常大。白云鄂博矿多元素分析见表1.1。

表1.1 白云鄂博矿多元素分析结果

元素	$w(TFe)$	$w(REO)$	$w(F)$	$w(CaO)$	$w(MgO)$	$w(BaO)$	$w(SiO_2)$	$w(MnO)$
含量（质量分数）/%	32.17	7.14	6.75	16.57	2.14	1.96	10.42	0.99
元素	$w(Nb_2O_5)$	$w(P)$	$w(S)$	$w(Al_2O_3)$	$w(Na_2O)$	$w(K_2O)$	$w(TiO_2)$	$w(FeO)$
含量（质量分数）/%	0.127	0.96	1.15	0.85	0.98	0.57	0.27	9.04

1.1.2.1 稀土选矿技术研究

姬俊梅采用"三段磨矿—三段磁选"工艺，以铁品位为26%~33%的氧化矿浮选的尾矿为原料，试验可获得铁品位大于64%、回收率大于56%的铁精矿。再以选铁的尾矿作为稀土浮选原料进行稀土浮选试验，其中以多聚磷酸钠作为矿浆分散剂、2-羟基-3-萘基甲羟肟酸（或者水杨羟肟酸、烷基羟肟酸混合）为稀土的捕收剂，以水玻璃为pH值调整剂、抑制剂的组合药剂，采用"一粗三精"的稀土浮选工艺，获得REO品位大于58%、回收率大于64%的稀土精矿。

李解等人采用"微波磁化焙烧—弱磁选—浮选"工艺尝试从稀土浮选尾矿里回收稀土。试验以REO品位5.89%、TFe品位17.40%稀选尾矿为原料，加入含碳还原剂，经过微波磁化焙烧—磁选作业选别，得到品位大于60%的铁精矿，再经过一次浮选得到REO品位约为34.12%的稀土精矿。

柳召刚等人以REO含量（质量分数）为7.02%的白云鄂博尾矿进行研究，采用"一粗四精一扫"的闭路选矿流程进行浮选稀土，最终可获得REO品位为62.88%、回收率为86.53%的稀土精矿产品。

吕宪俊等人采用"重选—浮选"联合的工艺流程从某尾矿中综合回收稀土矿物，优化药剂制度（H205为捕收剂、J102为起泡剂、水玻璃为抑制剂），在pH值为9~9.5、温度为35~40℃的矿浆条件下，通过重选预富集，粗选精矿再浮选作业，从REO品位为4.51%的尾矿中选别出REO品位为50.98%、回收率为51.66%的稀土精矿。

包钢稀土三厂采用"混合浮选—稀土浮选"的工艺流程，经"一粗三精"作业从包钢尾矿中回收稀土，最终获得了品位为53.32%、回收率为51.20%的稀土精矿，以及品位为34.50%、回收率为5.23%稀土次精矿，年生产能力可达4900t，经济效益显著。

Michelly S. Oliveira 等人采用人工合成的多捕收基团的阴离子捕收剂 KE 从尾矿中回收含稀土矿物的磷矿物，获得了46.2%回收率的精矿。

张永等人采用"混合浮选—优选浮选—磁选（浮选）"工艺流程，经过"混合浮选—优选浮选—强磁"作业，获得含REO品位为15.15%的稀土富集物，经过"一粗二扫三精"选别流程，取得了REO品位60.72%的高品位稀土精矿，尾矿中含稀土氧化物降为1.79%，稀土的作业回收率为90.39%，总回收率则达到87%。

姚志明以包钢白云鄂博选矿厂尾矿库内6.00%品位的总尾矿为原料，以水玻璃和草酸为调整剂、8号药为捕收剂、2号油为起泡剂，采用"一粗三精一扫、中矿顺序返回"流程进行试验，最终可获得REO品位为22.23%、回收率为72.21%的稀土精矿。

熊文良以四川冕宁氟碳铈型稀土矿作为原料，以调整剂采用水玻璃、改型羟肟酸Wr作为捕收剂，在pH值为7.5~8之间的试验条件下，采用"预先脱泥—浮选"工艺流程获得了REO品位62.10%、REO回收率为86.98%的稀土精矿。

王介良等人对包钢稀土选矿厂的强磁中矿进行了稀土浮选试验研究，以"柠檬酸+水玻璃"作为脉石矿物的联合抑制剂，采用"一粗二精"的浮选工艺流程，可获得REO品位为51.32%、回收率为70.94%的稀土精矿。

曾小波对某REO品位为0.82%的极低品位稀土矿，通过采用"磁选预富集抛—浮选"工艺，以水玻璃为脉石矿物抑制剂、改性羟肟酸Wr为稀土捕收剂，在弱碱性介质下浮选，采用"二粗三精一扫"工艺流程获得了含（质量分数）REO 30.06%、回收率52.77%的稀土浮选精矿。

于秀兰等人提出通过"$AlCl_3$脱氟—碳热氯化法"从包钢选矿厂稀土尾矿中回收稀土的新工艺，加入$AlCl_3$作为脱氟剂，800℃下氯化反应时间为2h，稀土的提取回收率可达83.48%。

包钢选矿厂根据长沙矿冶研究院的综合回收试验结果，采用"反浮—正浮"工艺流程，从铁品位24%的稀土尾矿中浮选回收铁，最终得到了产率26.55%，品位、回收率分别可达61.65%、59.46%的铁精矿。

韩腾飞以铁品位为17.84%的包钢选矿厂尾矿为原料，通过"磁化焙烧—磁选"工艺，以铁品位为31.90%、碳含量（质量分数）为29.18%的包钢炼铁厂的高炉瓦斯灰为添加剂，可获得铁品位和回收率分别为54.50%、83.20%的铁精矿。

赵瑞超等人研究了白云鄂博稀土浮选尾矿高梯度磁选试验，采用强磁粗选（磁场强度0.8T）—弱磁精选（磁场强度0.3T）流程，在矿浆流速4.167cm/s、矿浆质量分数20%的工艺流程条件下，获得了品位和回收率分别为46.06%和53.8%的铁精矿，并对稀土、铌等矿物进行有效富集。

杨合以包头稀土尾矿为原料，进行选别回收铁，富集稀土、铌等矿物试验研究。采用"煤基直接还原—弱磁选"工艺，从铁品位为25.40%的稀土尾矿获得的产率为 32.08% 、铁品位和铁回收率分别达到 62.36% 和 82.91% 的铁精矿, 稀土、铌均在磁选尾矿中富集。

王鑫以稀选尾矿为原料, 通过"弱磁—强磁—浮选—还原焙烧—弱磁"工艺, 最终分别得到铁、稀土、铌和萤石粗精矿的回收率可达 61.55% 、57.33% 、47.96% 和 56.14% , 达到了稀土伴生矿综合高效回收利用的目标。

毕松梅研究了包钢尾矿用浓盐酸酸洗富集稀土试验, 确定 1:3 的固液比, 获得铁的浸出率为 91.97% 。试验酸洗最佳搅拌时间为 6h , 最终使酸洗渣中铁的含量由 17.6% 降低到 2.2% , 铈的含量则由 0.77% 增加到 5.5% , 实现了酸洗作业富集稀土的目标。

王青春以包钢选矿厂稀土尾矿为研究对象, 以 $SiCl_4$ 为脱氟剂、Na_2CO_3 为分解剂, 碳热氯化反应和焙烧氯化反应的研究, 采用磷酸三丁酯从氯化和焙烧氯化的水洗液中萃取分离钪; 然后将氯化和焙烧氯化的矿物水溶后, 调节 pH 值使钍、钍沉淀, 硝酸浸取; 最后再用不同浓度的磷酸三丁酯萃取钍和钍, 获得了萃取率高达 85% 、55% 和 40% 的金属钪、钍和钍。

1.1.2.2 稀土选矿工业发展

近年来, 为综合利用白云鄂博共伴生矿中的铁和稀土、铌、钪等有用矿物, 国内许多科研院所先后提出多种白云鄂博共伴生矿资源综合利用及工艺改进的方案。包钢稀土选矿也先后经历多次流程改革, 经历了 30 多年的发展, 包钢在稀土选矿上仅在工业试验或工业生产中使用的工艺流程就达十几个之多。

1965 年, 选矿厂建成投产后曾试验过"混合浮选—优先浮选和混合浮选—重选"流程, 即原矿磨细后, 以氧化石蜡皂为捕收剂, 反浮选稀土矿物、萤石等含钙、钡脉石矿物, 反浮选泡沫脱药处理后, 浮选萤石和稀土, 或将反浮选稀土泡沫用刻槽床面摇床进行重选选别。浮选分离出萤石、稀土产品或重选精矿则作为稀土精矿, 试生产的稀土精矿品位偏低, 只有 15% 左右。

1970 年, 试验了"弱磁选—混合浮选—优先浮选"流程, 原矿先经弱磁选, 弱磁选尾矿再以氧化石蜡皂为捕收剂进行混合浮选, 粗精矿脱药后用氧化石蜡皂浮选回收稀土矿物, 该工艺获得的稀土精矿品位亦不高。

1974 年, 稀土选矿厂进行了"弱磁选—优先浮选脱萤石—混合浮选稀土—摇床重选"的流程试验研究。即原矿石弱磁选后, 采用半优先半混合浮选的工艺研究, 含 REO 为 15% 的浮选泡沫再用摇床重选, 得到品位为 30% 的稀土精矿。

1979—1986 年环烷基羟肟酸及 H205 相继应用成功后, 稀土选矿技术获得重大的突破。包钢开始工业上大规模生产品位大于 60% 的稀土精矿, 虽然稀土浮选作业回收率达到 60% ~74% , 但由于重选作业稀土回收率偏低, 最终稀土精矿对原矿石的回收率不到 3% 。稀土精矿产量不足, 无法满足市场的需要量。

1990—1991年，包钢选矿厂对中贫氧化矿生产工艺流程进行了"弱磁选—强磁选—浮选"工艺流程改造，以REO品位12%，对原矿稀土回收率为25%~30%的强磁中矿作为浮选稀土的原料，浮选组合药剂为H205、水玻璃、H103，1990年6~11月试生产期间的稀土精矿品位50%~60%，平均55.62%，浮选作业回收率52.20%，稀土次精矿品位34.48%，浮选作业回收率20.55%，综合作业回收率为72.75%，对原矿回收率为18.37%，较改造前的"弱磁选—半优先半混合浮选—中矿—浮选"流程的稀土精矿回收率提高了4~6倍。

目前，包钢稀土高科技术股份有限公司采用水玻璃作为脉石矿物抑制剂、双活化基团的异羟肟酸8号药作为捕收剂，在pH值为7~8.5的试验，控制浮选浓度为60%~65%，细度-74μm(-200目)占85%~90%，浮选温度70℃左右，经过"一粗两精"的浮选作业流程，稀土品位可由7%左右选别得到品位为50%，作业回收率为55%左右的稀土精矿。

包头市达茂稀土公司和包钢白云铁矿博宇公司多处理含磁铁矿较多的原矿，通过采用的"弱磁选—浮选"工艺流程，即原矿磨至-0.074mm占90%，弱磁先选出磁铁矿后的尾矿经浓缩后作为稀土入选原料，采用水玻璃、J102、H205组合药剂，经过"一粗一扫二精"可得到品位50%~60%之间的稀土精矿和34%~40%之间的稀土次精矿。

2011年，包钢集团开始启动内蒙古白云鄂博稀土、铁及铌矿资源综合利用示范基地建设，根据"十一五""十二五"期间完成的包头稀土铌资源综合利用关键技术研究进行的选矿工业试验，从氧化矿强磁中矿选稀土尾矿中选出了含REO大于50%的稀土精矿、含Nb_2O_5大于4%的铌精矿，铌的回收率达到30%。根据工业试验暴露出的问题，2012年包钢调整了该工艺思路，按"分组分选—易浮先选"的原则，将易浮的稀土、萤石等矿物预回收，实现其与铁矿物、铌矿物、硅酸盐矿物的分离，然后对铁、铌、硅酸盐矿物富集物进行硅、铁、铌分离，依次选出铁矿物、硫矿物、铌矿物，实现分组分选。最后确定了"主东矿氧化矿选铁、稀土尾矿综合回收铁、稀土、铌、萤石、钪、硫"的工艺流程，获得稀土精矿、铁精矿、铌精矿、萤石精矿、钪精矿和硫精矿等6种产品。2014年底在白云鄂博矿区建成了"白云鄂博综合回收稀土、铁、铌、钪、硫和萤石选矿新工艺示范基地"项目，该项目结合了重选、磁选及浮选等选别方法，白云鄂博矿资源综合利用和尾矿减排环保项目提上日程。

目前，如何更高效、更环保的回收利用白云鄂博矿中的稀土、铌、钪等资源是白云鄂博矿资源综合利用的重点研究内容。

1.1.3 牦牛坪稀土矿资源利用现状

四川牦牛坪稀土矿是我国第二大脉状轻稀土矿床，稀土储量位列全国第二位。该矿床系碱性伟晶岩-方解石碳酸盐稀土矿床,稀土矿物主要为氟碳铈矿、硅钛铈矿、氟碳钙铈矿和少量独居石等,脉石矿物主要为萤石、重晶石、石英、方解石等,天青石、磁铁矿、长石、霓辉石、黄铁矿等含量较少,萤石、重晶石、天青石、辉钼矿、方铅矿是主要的伴生有价矿物。该矿床主要矿物成分见表1.2。

表1.2 牦牛坪矿多元素分析结果

元素	$w(TFe)$	$w(REO)$	$w(CaF_2)$	$w(CaO)$	$w(MgO)$	$w(BaSO_4)$	$w(SiO_2)$
含量(质量分数)/%	3.19	2.16	14.68	1.87	0.72	16.66	40.25
元素	$w(MnO)$	$w(P)$	$w(S)$	$w(Al_2O_3)$	$w(Na_2O)$	$w(K_2O)$	$w(TiO_2)$
含量(质量分数)/%	0.66	0.09	2.25	8.13	2.15	2.54	0.89

1.1.3.1 稀土选矿技术研究

熊述清针对四川某地稀土矿矿石中的氟碳铈矿结晶粒度粗、矿石脆性大、容易过粉碎,矿石中重晶石和萤石等脉石矿物含量大,造成氟碳铈矿分选难度大的问题,采用"磨矿—分级(脱泥)—粗细分级重选—中矿再磨浮选"的重浮联合工艺,能较好地适应矿石的可选性,最终试验获得了综合精矿REO品位61.18%、回收率75.74%的技术指标,为该氟碳铈矿型稀土矿资源的合理开发及利用提供了工艺技术方案借鉴。

田俊德采用"脱泥—浮选""重选—浮选"工艺对四川牦牛坪氟碳铈矿进行小型试验研究,试验结果表明,两种工艺均可获得REO品位大于65%、回收率大于66%的氟碳铈矿精矿。其中,摇床重选作业不但可以抛除65%的稀土尾矿,同时还可以起到脱泥的作用,为后续稀土浮选创造有利的矿浆条件,减少浮选药剂用量,生产出高品位的氟碳铈矿精矿,因此"重选—浮选"流程更合理。

张宗华对四川德昌大陆槽的稀土矿进行选矿试验研究,结果表明,"磁选—重选"流程优于单一磁选流程、单一重选流程和"重选—磁选"流程,通过"磁选—重选"工艺流程,最终可以得到REO品位和回收率分别为51.08%、78.11%的优质稀土精矿产品。

邱雪明对四川某REO品位为6.62%,稀土矿物主要为氟碳铈矿,脉石矿物主要为萤石、重晶石、石英及角闪石的稀土矿进行选矿试验,采用"摇床—浮选"工艺,最终得到REO品位63.68%、回收率为47.43%的摇床精矿和REO品位60.37%、回收率为39.25%的浮选精矿,稀土综合回收率达到86.68%。

李芳积应用"摇床重选粗粒—粗精焙烧干燥—干式磁选精选—摇床中矿浮选"工艺,采用L102捕收剂,进行细粒级的氟碳铈矿浮选,在给矿REO品位为5.35%~7.95%的情况下,选别获得了REO品位为60%~72%、回收率为80%~85%的优质稀土精矿。

Wenliang Xiong 等人采用"浮选—磁选"工艺有效解决了德昌稀土矿某选矿厂生产的稀土精矿 REO 平均品位为 50%、回收率仅为 20%，选矿效果差的问题，提高了德昌稀土矿浮选产品的质量。该工艺已成功应用于四川德昌稀土矿的工业生产，在近连续 12 个月的生产中，获得了平均稀土品位为 65%，回收率为 55% 的稀土精矿，取得较好的分选效果。

王成行研究发现牦牛坪氟碳铈矿呈现微弱的磁性，且矿样中铁磁性矿物含量非常低的特点，采用湿式强磁选工艺来处理 REO 品位为 2.75% 的低品位稀土矿石，试验获得了 REO 选矿富集比和回收率分别为 4.53 和 89.94% 的磁选精矿，与此同时矿石中 91.52% 的重晶石和 95.46% 的萤石等伴生组分进入磁选尾矿中。采用"磨矿分级—弱磁选—强磁选—粗精重选—重精强磁选—中矿再磨—浮选"的新工艺，最终获得了 REO 平均品位 65.93%，总回收率 83.26% 的两种稀土精矿产品。

1.1.3.2 稀土选矿工业发展

四川稀土矿开发利用从 20 世纪 80 年代开始，下面介绍该矿床几种代表性的稀土选矿工艺流程。

A 单一重选工艺

原矿经简单破碎（或者磨矿）作业磨至 -2mm，采用摇床重选，可获得 REO 品位为 60% ~65%，回收率为 40% 的氟碳铈矿精矿。该工艺广泛应用于 20 世纪 90 年代的小型稀土矿选矿厂。

B 重选—干式磁选工艺

原矿经破碎机碎至 -10mm，采用一段闭路磨矿至 -2mm，进行"一粗一精二扫"摇床重选作业。一段摇床中矿再选，再选精矿和精选精矿合并后沉淀烘干得到中间精矿，中间精矿采用干式磁选机磁选得到精矿作为最终精矿产品，尾矿则堆存。最终氟碳铈矿精矿 REO 品位为 65% ~70%，回收率为 50% 左右。采用此工艺处理冕宁式稀土矿回收率达到 60%，处理德昌式稀土矿回收率约为 40% ~50%。2014 年前该选矿工艺原则流程被四川稀土矿区内大部分稀土矿企业生产采用。

C 浮选—高梯度磁选工艺

原矿磨矿至 -0.074mm 占 60% ~70% 粒度，进入浮选作业，浮选精矿进行高梯度磁选，磁选尾矿则返回浮选或采用摇床继续重选。浮选前先用硫化矿捕收剂进行"一粗二精"工艺脱除硫化铅，用氢氧化钠调浆并分散矿泥。用水玻璃作硅酸盐等脉石矿物的抑制剂，水杨羟肟酸和 H205 作为捕收剂，进行"一粗二精三扫"稀土浮选作业，浮选精矿通过高梯度磁选进一步提高稀土品位。最终由 REO 品位为 5% 的原矿，可获得 REO 含量（质量分数）为 60%、回收率为 50% 的稀土精矿，该工艺应用于四川汉鑫矿业发展有限公司德昌大陆槽稀土选矿试验二厂。

D　强磁选—浮选工艺

原矿经粗磨分级，粗粒级进行强磁选，强磁精矿再磨后与细粒级合并进入浮选作业。最终可由 REO 品位为 2% ~ 3% 的原矿获得 REO 品位 67% 以上、回收率 45% 左右和 REO 品位为 60% 以上、回收率为 15% ~ 20% 的两种稀土精矿，取得了稀土精矿品位及回收率均达到 60% 以上的良好指标，解决了伴生关系复杂的微细粒的氟碳铈矿稀土矿的浮选回收困难这一技术难题。

E　强磁选—重选—浮选工艺

原矿经"一段破碎—粗磨—磁选—强磁精矿摇床重选—重选尾矿再磨—浮选"工艺回收稀土矿，强磁尾矿通过两段分级作业，0.015mm 粒级磨至 -0.074mm 占 75% 左右，-0.038mm 粒级则直接排入尾矿库，-0.038 ~ 0.015mm 粒级进入浮选作业，回收萤石和重晶石矿物。该工艺在四川江铜稀土有限责任公司牦牛坪稀土矿设计并新建设选矿厂进行生产，目前正处于试生产阶段。

1.1.4　微山湖稀土矿资源利用现状

微山湖稀土矿生成于中生代碱性正长岩和前震旦系黑云斜长片麻岩中。矿脉中主要的稀土矿物为氟碳铈矿、氟碳钙铈矿等，氟碳铈矿和氟碳钙铈矿含氧化稀土（质量分数）分别为 77.8%、66.78%，二者稀土共占稀土总量的 80.09%。此外，独居石等其他稀土矿物占稀土含量占 17.30%，剩余 2.61% 的稀土分散在各类脉石矿物中。该稀土矿石的平均稀土品位为 3.5% ~ 5%，脉石矿物有碳酸盐、重晶石、石英、萤石及少量云母等。地表与原生矿的物质组成有所差异，地表稀土矿物多为粉碎风化的氟碳酸盐，地下稀土矿物则为块状结晶较好的原生氟碳铈矿，微山湖稀土矿主要元素成分见表 1.3。

表 1.3　微山湖稀土矿多元素分析结果

元素	$w(TFe)$	$w(REO)$	$w(F)$	$w(CaO)$	$w(MgO)$	$w(BaO)$	$w(SiO_2)$	$w(Ta_2O_5)$
含量(质量分数)/%	5.70	5.03	2.46	7.81	4.18	13.62	32.48	0.0014

元素	$w(Nb_2O_5)$	$w(P)$	$w(S)$	$w(Al_2O_3)$	$w(Na_2O)$	$w(K_2O)$	$w(TiO_2)$	$w(Th)$
含量(质量分数)/%	0.127	0.076	8.77	8.44	1.76	0.84	0.27	0.003

1.1.4.1　稀土选矿技术研究

冯婕以微山湖稀土矿原生矿为研究原料进行试验，用碳酸钠作 pH 值调整剂、芳香烃异羟肟酸类化合物 xp-2 与表面活性剂 CH 作混合捕收剂、硅酸钠和氟硅酸钠为组合抑制剂，采用单一浮选流程浮选，可获得品位为 68.48% 的高品位精矿和品位为 38.6% 的中品位次精矿，稀土总收率达 81.05%。冯婕还对微山湖稀土尾矿中的有价元素进行了回收试验，通过药剂制度和工艺流程优化，可获得 S 含量（质量分数）大于 36% 的硫精矿和 $BaSO_4$ 量大于 93% 的重晶石精矿，回收率分别达 84.42% 和 87.63%。用摇床对铌进行富集研究，获得 Nb_2O_5 的品位可由 0.021% 提高到 0.069%，回收率达 90.48%，回收效果较好。

曾兴兰、李芳积等人以微山湖稀土矿为研究对象进行浮选试验，在 pH 值为 8~8.5 的条件下，采用 L102 作为捕收剂，水玻璃及铝盐作为抑制剂，经"一粗四精"浮选工艺，最终获得 REO 大于 67% 的高品位稀土精矿和 REO 大于 34% 中品位稀土次精矿，稀土总回收率达到 90%。

1.1.4.2 稀土选矿工业发展

微山湖稀土选矿厂于 1982 年建厂，规模较小。建厂初期，采矿为露天采矿，矿石含 REO 品位在 5%~10%，稀土含量较高。原矿石经磨矿作业细磨至 -0.074mm 占 65%~75%，加入硫酸和水玻璃作调整剂，油酸和煤油作表面活性剂，在 pH 值为 5 左右的弱酸性矿浆中浮选稀土矿物，经"一粗三扫三精"工艺，最终得到 REO 品位为 50%~69% 的稀土精矿。

1986—1989 年微山湖稀土选矿厂进行配套改造，采矿转入井下进行，原矿稀土品位降低至 3%~4%，原来的浮选药剂已不适应矿石性质改变。1991 年，以水玻璃作为抑制剂、L102 作为稀土特效捕收剂、L101 作为起泡剂，进行稀土浮选，在 pH 值为 8~8.5 的弱碱性矿浆中优先浮选稀土矿物，获得 REO 品位大于 60%、稀土回收率 60%~70% 的稀土精矿和 REO 品位为 32%、回收率为 10% ~15% 的稀土次精矿。之后根据市场需要，微山湖选矿厂仅生产 REO 品位 45% ~50% 的稀土精矿，稀土回收率达到 80%~85%，稀土浮选尾矿可浮选回收重晶石产品。

1.2 稀土矿选矿药剂及作用机理研究进展

对于氟碳铈矿等矿物型稀土矿，浮选是主要的高品位稀土精矿富集回收方法。由于氟碳铈矿等稀土矿物与萤石等脉石矿物均为半可溶性盐类矿物，表面性质相似、可浮性相近，选择合适的浮选药剂是稀土矿物与脉石矿物高效浮选分离的关键。针对稀土矿浮选药剂及其作用机理，国内外学者开展了大量的研究，下面进行详细阐述。

1.2.1 稀土矿物捕收剂

针对氟碳铈矿捕收剂的研究主要集中在脂肪酸、烷基羟肟酸、萘系羟肟酸、磷（膦）酸类等类型。其中，脂肪酸类捕收剂选择性差，浮选温度高，使用过程中需要添加大量抑制剂，而磷（膦）酸盐类捕收剂在酸性条件下才能取得较好的浮选效果，这对于半可溶性盐类矿物的浮选难以实现，两类药剂均未被广泛应用于氟碳铈矿的工业生产。羟肟酸类捕收剂对稀土浮选的选择性强，适用性好，在我国包头、冕宁、微山湖稀土矿以及美国芒廷帕斯矿、加拿大尼查拉乔矿、澳大利亚维尔德山矿等稀土矿山得到成功应用。现阶段，羟肟酸类捕收剂在稀土矿的浮选中具有不可替代的作用。

目前，萘基羟肟酸捕收剂 H205 广泛用于我国稀土矿浮选，与环烷基羟肟酸相比，H205 捕收剂具有成本低、所需抑制剂少等优点，且 H205 捕收剂分子中存在的非极性萘基比环烷基分子中的非极性萘基更稳定。对羟肟酸的改性研究也一直在进行，以期继续降低药剂成本，L102 异羟肟酸捕收剂是 H205 的改进产品，它用量低，药剂成本降低，并且可以通过一次粗选一次精选取得不错的浮选效果。但与脂肪酸类似，H205 等羟肟酸类捕收剂浮选成本仍然很高。对磷酸类捕收剂和羟肟酸改性进行进一步研究，在生产合格品位稀土精矿的同时降低药剂成本，是捕收剂研究的重点方向。

捕收剂与稀土矿物作用机理的研究也逐步深入。王成行等人通过浮选试验、动电位测试、溶液化学计算以及红外光谱检测分析等手段，研究了氟碳铈矿的可浮性及药剂与矿物的作用机理。pH 值为 8~9 试验范围内，矿物表面的稀土阳离子水解优势组分 $RE(OH)^{2+}$ 和 $RE(OH)^{2+}$ 吸附在氟碳铈矿表面成为主要的正活性质点，有利于油酸钠吸附；在 pH 值为 8.3 时，油酸钠对氟碳铈矿表面同时存在化学吸附和物理吸附的共吸附作用是主要的捕收机理。何晓娟通过红外光谱研究了油酸钠以及十二烷基磺酸钠对氟碳铈矿的捕收作用机理，发现油酸钠在氟碳铈矿表面可能发生了化学吸附，十二烷基磺酸钠的吸附则为物理吸附。

O. Pavez 等人通过纯矿物浮选、Zeta 电位测试和红外光谱分析等研究，发现当矿物的表面电位为负值时，油酸钠和羟肟酸捕收剂的阴离子在氟碳铈矿的表面会发生化学吸附，pH 值为 9 时油酸钠在氟碳铈矿表面的吸附为物理吸附和化学吸附的共吸附状态，在 pH 值为 3 和 pH 值为 8 时油酸钠在独居石表面的吸附为物理吸附；而辛羟肟酸在氟碳铈矿和独居石表面的吸附则为较强的化学吸附。

Cheng Jianzhong 等人将羟肟酸类的捕收剂应用芒廷帕斯稀土矿的浮选时，羟肟酸类（烷基羟基甲酸酯）的捕收剂相对于脂肪酸类的捕收剂（塔尔油）具有更好的捕收选择性，这是因为烷基羟基甲酸盐与稀土矿物表面暴露的稀土离子能形成更稳定的螯合物，而与方解石和重晶石矿物表面暴露的钙、钡离子等形成螯合物稳定性差。Pradip 和 Fuerstenau 通过计算羟肟酸在氟碳铈矿、重晶石和方解石表面吸附的自由能，发现在试验温度下通过吸附热力学上比较，羟肟酸在氟碳铈矿表面吸附比在方解石和重晶石表面的吸附更有利。

Zakharov 等人研究发现，油酸钠对独居石的浮选，取决于稀土矿物表面元素与捕收剂所发生的反应，即形成相应的油酸盐沉淀；而羟肟酸对稀土矿物的吸附捕收，主要在于捕收剂与复杂的金属阳离子的吸附能力，羟肟酸与稀土金属形成稳定的络合物。王成行和饶金山通过结合红外光谱分析及 XPS 测试研究表明，水杨羟肟酸和辛基羟肟酸在氟碳铈矿表面的反应产物主要以稳定的五元环螯合物（—C＝O—RE—O—N—）为主。Cheng 研究还发现羟肟酸可以与稀土离子在溶液中相互作用，形成羟基化的稀土离子，然后吸附在矿物的表面，增加矿物表面的活性质点数目。Zhang 采用分子动力学拟合研究表明，羟肟酸浓度为 10^{-4} mol/L 时，可以在氟碳铈矿表面形成饱和单层吸附，从而使氟碳铈矿表面的疏水性达到最大。羟肟酸捕收剂较油酸钠捕收剂捕收能力强的原因是，羟肟酸阴离子与矿物表面存在的稀土离子形成复杂稳定的螯合物，比吸附在同一矿物表面的脂肪酸具有更高的稳定性。

Cui 研究发现羟肟酸捕收剂能吸附在方解石和重晶石脉石矿物表面而形成螯合物，也可以与稀土矿物吸附生成螯合物，但羟肟酸捕收剂会优先吸附在稀土矿物表面，表现出吸附选择性。

D. W. Fuerstenau 研究了羟肟酸分子与矿物的"吸附-表面反应"联合机理，得出结论羟肟酸盐在矿物表面存在三种吸附：化学吸附、表面反应吸附和表面反应，其根据溶液平衡计算微溶性矿物的化学键之间相互作用的模型。

非羟肟酸类捕收剂在稀土矿浮选中也得到广泛关注，任俊研究对比了新型捕收剂 N-羟基邻苯二甲酰亚胺与萘羟肟酸对氟碳铈矿的捕收性能，发现前者能与稀土金属离子形成稳定的双五元环螯合结构，因此具有更高的吸附选择性；Zech 研究表明，己基三甲基溴化铵 C6TAB 对微细粒稀土矿物具有较强的捕收性能，同时兼具一定的起泡性能；周芳采用煤油与脂肪酸或羟肟酸捕收剂形成反应性油泡沫（Reactive Oily Bubble）进行氟碳铈矿浮选，研究发现可提高稀土的回收率、降低捕收剂用量；D. Fuerstenau 研究表明十二烷基磷酸盐比辛基羟肟酸对氟碳铈矿的捕收能力更强，且中性 pH 值浮选结果最佳。

1.2.2 稀土矿伴生脉石矿物抑制剂

羟肟酸捕收剂对稀土矿物和萤石、重晶石等脉石矿物均具有捕收能力，所以稀土浮选时必须添加脉石矿物抑制剂以实现稀土矿物与脉石矿物的分离。稀土浮选脉石抑制剂的选择取决于矿床成分和主要脉石矿物的种类和含量。科研工作者已经研究过几种抑制剂在稀土浮选工艺的应用，典型脉石矿物抑制剂包括硅酸钠、氟硅酸钠、木质素磺酸盐和碳酸钠。

在白云鄂博矿，硅酸钠则用作硅酸盐和含铁硅酸盐矿物和萤石、重晶石等钙钡脉石矿物的抑制剂，任俊研究表明水玻璃的加入量足够大（25kg/t）时，可以抑制所有矿物的浮选，然后加入少量的羟肟酸，只对稀土矿物进行选择性浮选。同时他还发现硅酸钠与明矾或羧甲基纤维素（CMC）的组合使用时，可以降低稀土浮选中有效抑制脉石矿物所需的水玻璃用量，提升选择性抑制效果。偏磷酸钠是在弱碱性 pH 值和羟肟酸捕收剂下浮选稀土时，方解石的有效抑制剂。氟硅酸钠在白云鄂博矿也曾被用来抑制萤石、方解石和重晶石矿物，并用作稀土矿物的活化剂与水玻璃组合使用，但在采用羟肟酸捕收剂 H205 后，不添加氟硅酸钠的情况下也可取得较好的分离效果，且氟硅酸钠对环境存在污染而不再采用，仅使用水玻璃作为脉石矿物的抑制剂。

Pradip 和 D. W. Fuerstenau 在研究芒廷帕斯稀土矿浮选时，通过添加木质素磺酸盐作为抑制剂，来抑制方解石和重晶石脉石矿物，但它对氟碳铈矿也有一定的抑制作用；同时他们研究了碳酸钠对氟碳铈矿、重晶石和方解石浮选的影响时，发现碳酸钠的加入会影响体系的 pH 值和矿物的 Zeta 电位，从而影响氟碳铈矿和方解石的可浮性；在含重晶石的稀土矿浮选选矿中，采用碳酸钠作 pH 值调整剂，可导致硫酸钡表面碳化生成碳酸钡沉淀，从而使该矿物表现出碳酸钡的浮选行为，在芒廷帕斯稀土矿的浮选中还采用了氟化钠和氟硅酸钠作为重晶石和方解石脉石的抑制剂。

1.3 稀土矿选矿主要技术问题及研究方向

稀土选矿企业因为回收率低、成本高等问题不愿生产高品位稀土精矿，后续稀土提取与冶炼工艺受到严重影响，同时带来严重的环境污染问题，直接制约我国稀土工业发展。

根据稀土矿物及其伴生脉石矿物种类和含量，可以看出稀土浮选主要技术问题是稀土矿物与萤石、重晶石等易浮脉石矿物分离问题，对白云鄂博矿稀土矿精矿产品成分进行分析（表 1.4），白云鄂博矿稀土浮选精矿中仍含有大量的萤石、重晶石等脉石矿物，说明现在稀土浮选工艺所使用的水玻璃抑制剂不能有效的抑制这些脉石的上浮，浮选过程中萤石、重晶石等含钙、钡脉石矿物难被抑制是稀土浮选生产面临的主要技术难题。

表 1.4 白云鄂博矿原矿和稀土精矿多元素分析结果

	元素	$w(REO)$	$w(F)$	$w(P)$	$w(Ca)$	$w(Ba)$
原矿	含量（质量分数）/%	9.60	12.57	1.54	22.99	4.10
	矿物	稀土矿物	萤石	重晶石	白云石	方解石
	含量（质量分数）/%	13.68	23.84	7.73	8.88	3.11
稀土精矿	元素	$w(REO)$	$w(F)$	$w(P)$		
	含量（质量分数）/%	51.13	9.52	4.42		
	矿物	稀土矿物	萤石	重晶石	白云石	方解石
	含量（质量分数）/%	76.08	5.93	0.98	0.57	0.27

    刘鹏飞、张英等人在研究白钨矿与萤石、方解石等含钙脉石矿物浮选分离时，发现白钨矿与萤石、方解石同属于可溶性盐类矿物，矿物的溶解组分在溶液中及矿物表面发生复杂的络合反应，使矿物表面相互转化，从而降低了抑制剂和捕收剂的选择性。E. R. L. Espiritu 等人研究发现氟碳铈矿和独居石也属于可溶性盐类矿物，稀土矿物和脉石矿物的溶解特性造成他们浮选系统中表现出相似的行为，是其浮选分离困难的主要原因。因此，要解决稀土精矿品位偏低的问题，浮选时易浮脉石矿物选择性抑制是主要突破点和研究方向。

2　试验材料与研究方法

2.1　试验矿样及制备

2.1.1　纯矿物样品

氟碳铈矿取自山东微山湖稀土矿，经手选除杂、破碎、磨矿及重选除杂和弱磁选除铁后，得到氟碳铈矿纯矿物产品，其 REO 品位分别为 72.05%，纯度为 95% 以上。萤石和重晶石矿取自山东临朐，矿石经手选除杂、破碎和陶瓷球磨机磨矿，其纯度均在 98% 以上，各矿物的 XRD 图谱如图 2.1 所示。将氟碳铈矿、萤石及重晶石分别研磨筛分出 $-74\mu m + 38\mu m$ 和 $-5\mu m$ 两个粒级，$-74\mu m + 38\mu m$ 粒级进行浮选试验，$-5\mu m$ 粒级进行相关测试等。

2.1.2　实际矿样品

试验用白云鄂博稀土矿实际矿样品取自包钢选矿厂磁选稀土粗精矿，即为本研究中稀土浮选给矿。

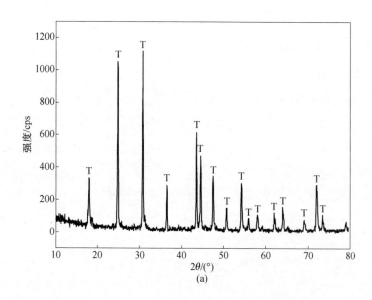

(a)

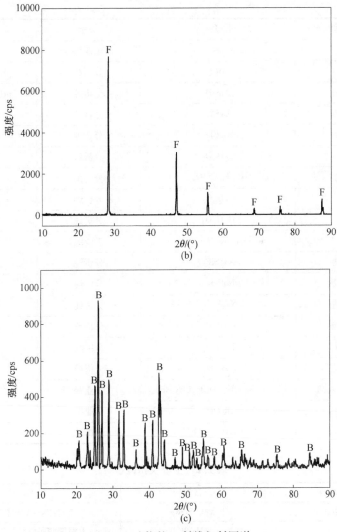

图 2.1 矿物的 X 射线衍射图谱

（a）氟碳铈矿；（b）萤石；（c）重晶石

2.2 试验药剂和设备

试验试剂和设备分别见表 2.1 和表 2.2。

表 2.1 主要试剂

试剂名称	化学式	级别	用途
辛基羟肟酸	$C_7H_{15}CNOHOH$	化学纯	捕收剂

试剂名称	化学式	级别	用途
H205	—	工业级	捕收剂
盐酸	HCl	分析纯	pH 值调整剂
氢氧化钠	NaOH	分析纯	pH 值调整剂
三氯化铈	$CeCl_3$	分析纯	调整剂
氯化钙	$CaCl_2$	分析纯	调整剂
柠檬酸	$C_6H_8O_7$	分析纯	络合剂
乙二胺四乙酸二钠	$C_{10}H_{16}N_2O_8$	分析纯	络合剂
酒石酸	$C_4H_6O_6$	分析纯	络合剂
草酸	$H_2C_2O_4$	分析纯	络合剂
水玻璃	$Na_2SiO_3(Na_2O \cdot nSiO_2)$	工业级	抑制剂
氟硅酸钠	Na_2SiF_6	分析纯	抑制剂
六偏磷酸钠	$(NaPO_3)_6$	分析纯	抑制剂
焦磷酸钠	$Na_4P_2O_7$	分析纯	抑制剂
三聚磷酸钠	$Na_5P_3O_{10}$	分析纯	抑制剂
磷酸三钠	Na_3PO_4	分析纯	抑制剂
可溶性淀粉	$(C_6H_{10}O_5)_n$	分析纯	抑制剂
羧甲基纤维素钠	$[C_6H_7O_2(OH)_2OCH_2COONa]_n$	工业级	抑制剂
2 号油	R-OH	工业级	起泡剂
瓜尔胶	$(C_{18}H_{29}O_{15})_n$	分析纯	抑制剂

表 2.2　主要仪器设备

设备名称	设备型号	生产厂家
挂槽浮选机	XFG 5-35g	吉林探矿机械厂
pH 计	pHs-3C	上海精密科学仪器有限公司
Zeta 电位仪	ZetaPlus	美国 Brookhaven 公司
X 射线光电子能谱仪	ESCALAB 250XI	美国 Thermo Scientific 公司
X 射线衍射仪	XPert Powder	荷兰 PANalytical 公司
红外光谱测定仪	VERTEX 70	德国 Bruker 公司
ICP-OES	ICPS-8100	日本 Shimadzu 公司
紫外可见光分光光度计	L5	上海精密科学仪器有限公司
磁力搅拌器	JK-MSH-Pro-4B	上海精学科学仪器有限公司
真空干燥箱	JK-VO-6020	上海精学科学仪器有限公司
电子天平	BSA-CW	德国 Sartorius 公司
单槽浮选机	XFD 1. 5L、0. 5L	吉林探矿机械厂

2.3 研究方法

2.3.1 浮选试验方法

2.3.1.1 单矿物浮选

单矿物浮选实验在 XFGCII-35 型试验室用充气挂槽浮选机中进行，叶轮转速 1992r/min，每次称取 2.00g 试验矿样加入到 40mL 浮选槽中，加 30mL 去离子水调浆。按照顺序依次加入一定浓度浮选药剂，分别搅拌调浆 2min，测量浮选前 pH 值作为试验 pH 值，然后浮选刮泡 4min，浮选温度为室温。对泡沫产品和槽内产品分别过滤，干燥称重，计算浮选回收率。试验流程如图 2.2 所示。

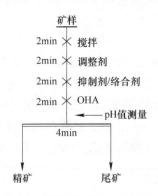

图 2.2　单矿物浮选试验流程

2.3.1.2 人工混合矿浮选

将氟碳铈矿分别与萤石、重晶石按照 1：1 混合作为混合矿浮选矿样，称取矿样 2g，浮选实验在 XFGCII-35 型试验室用充气挂槽浮选机中进行，试验步骤和单矿物浮选相同，浮选时间 4min，将泡沫产物和槽内产物分别烘干、称重，化验精矿中 REO 及 CaF_2、$BaSO_4$ 含量，计算浮选回收率和分离系数（SI）。通过分离指数（SI）计算进行混合矿分离效果对比，混合矿浮选分离指数越大，其分离效果越好。

分离系数计算公式为：$SI = \sqrt{\dfrac{\varepsilon_{C1}}{\varepsilon_{T1}} \times \dfrac{\varepsilon_{T2}}{\varepsilon_{C2}}}$，其中 ε_{C1}、ε_{T1} 分别为浮选精矿和浮选尾矿中氟碳铈矿的回收率，ε_{C2}、ε_{T2} 分别为浮选精矿和浮选尾矿中萤石的回收率。

2.3.1.3 实际矿浮选

以白云鄂博矿磁选粗精矿为实际矿浮选矿样，实际矿浮选试验在 1.5L、0.75L、0.5L 单槽浮选机浮选槽内进行，浮选机转速为 2400r/min，试验用水为自来水。通过单一因素条件试验确定最佳药剂制度，然后通过开路试验及全流程闭路试验确定最佳工艺技术方案和参数，将浮选精矿和尾矿进行烘干、称重、化验，计算浮选指标。

2.3.2 X 射线衍射测试（XRD）

X 射线衍射分析可确定单矿物以及实际矿石的矿物组成及定性分析，本试验所用 X 射线分析仪采用的是荷兰 PANalytical 公司 XPert Powder，扫描范围为 5° ~ 90°，扫描速度为 10°/min。

2.3.3 矿物溶解测定及分析

矿物溶解试验在 XFGCII-35 型试验室用充气挂槽浮选机上进行，叶轮转速 1992r/min，称取 -38μm 矿样 1g 加入到 40mL 浮选槽中，加 30mL 去离子水调浆，搅拌一定时间，过滤，取上层清液在 ICP-OES 上测试金属离子含量。

2.3.4 Zeta 电位测试

表面电位测试采用 Brookhaven ZetaPlus Analyzer 分析仪，将纯矿物样用玛瑙研钵研磨至粒径 -5μm，每次精确称取 50mg 置于小烧杯中，用去离子水配成 50mL 的矿浆，用 HCl 或 NaOH 调节 pH 值，按照浮选条件依次加入一定浓度的浮选药剂，磁力搅拌器上搅拌 5min，取上述样品加入样品池，在 Zetaplus Zeta 电位测定仪上测量，每个样品重复测量 3 次，然后取平均值作为测试结果。

2.3.5 X 射线光电子能谱分析（XPS）

XPS 测试采用 Thermo Scientific ESCALAB 250Xi 型 X 射线光电子能谱仪，称取 1g 矿样置于小烧杯中，用 HCl 或 NaOH 调节 pH 值至 10，按照浮选条件依次加入一定浓度的浮选药剂，磁力搅拌器上搅拌 8min，过滤、同样 pH 值的去离子水洗涤矿物两次，50℃ 下真空干燥后进行 XPS 测试。XPS 测试条件为：单色化 Al Kα 射线光源，$h\nu = 1486.6eV$，500μm 光斑面积，真空度为 $5 \times 10^{-8}Pa$，C 1s 矫正值 284.8eV；全谱扫描结合能范围为 1300 ~ 0eV，步长 1.0eV，通过能为 100eV；N 1s 高分辨光谱通过能为 30eV，步长 0.05eV。采用 Casa XPS 进行谱峰分析和分峰拟合。

2.3.6 红外光谱分析（FTIR）

红外光谱测定采用溴化钾压片法在 Bruker VERTEX 70 型傅里叶变换红外光谱仪上进行。将样品用玛瑙研钵研磨至粒径 -5μm，每次称取 1g 置于小烧杯中，按照浮选条件依次加入一定浓度药剂，磁力搅拌器上搅拌 10min，过滤、同样 pH 值去离子水洗涤样品两次，50℃ 下真空干燥后进行红外光谱测定。

3 氟碳铈矿和钙钡脉石矿物的晶体结构、表面特性与浮选行为

浮选法是根据矿物的物理、化学性质差异，将不同矿物进行分离的选矿手段。矿物晶体结构和表面特性是影响矿物浮选的重要因素。晶体结构直接影响着矿物解离后表面的极性、不饱和键的性质及微结构的形成，矿物的表面电性、疏水性和溶解性也与矿物的浮选性质有着紧密联系。矿物晶体结构中化学键种类及性质对矿物的断裂面和断裂面暴露的离子有决定性作用，矿物解离后暴露的表面活性质点的种类和数量决定浮选药剂与矿物作用能力大小及界面效应，从而决定矿物的浮选性质。矿物之间晶体结构和表面性质的差异直接决定浮选行为差异，因此，研究矿物的晶体结构和表面性质的差异对解决难分离矿物浮选分离这一难题具有重要意义。本章将进行稀土矿物氟碳铈矿和易浮钙钡脉石矿物萤石、重晶石晶体结构、表面特性与浮选行为的研究。

3.1 矿物晶体结构

氟碳铈矿晶体结构如图3.1(a)所示。氟碳铈矿晶体为六方晶系，空间群 P-62c，晶胞参数 $a=0.716nm$、$b=0.716nm$、$c=0.979nm$，$\alpha=\beta=90°$，$\gamma=120°$，$V=0.46465nm^3$。晶体呈板状或六方柱状、星点状、细粒状集合体。典型的由 Ce、F 和 $[CO_2]^{2-}$ 按立方紧密堆积组成的岛状结构。其中 $[CO_2]^{2-}$ 三角形平面直立，并围绕 z 轴旋转作定向排列，$[CO_2]^{2-}$ 之间近于相互垂直，原子间距：Ce—(F，O)(11)=0.251nm，C—O(3)=0.127nm。颜色为黄色、浅绿或褐色、红褐色，具有玻璃光泽、油脂光泽，透明或半透明，白色或黄色条痕。解理{0001}发育，{1010}解离不完全，表面断键为 F—Ce 键和 O—Ce，断键后暴露 F^-、O^{2-} 和 Ce^{2+}。

萤石晶体结构如图3.1(b)所示。萤石晶体为等轴（立方）晶系，空间群 Fm-3m，晶胞参数 $a=b=c=0.54631nm$，$\alpha=\beta=\gamma=90°$，$V=0.16305nm^3$。阳离子位于立方晶胞的角顶和面心，具八次配位；阴离子位于八分之一晶胞小立方体的中心，具四次配位，氟的配位数为4，钙的配位数为8。Ca^{2+} 按立方最紧密堆积

排列，形成四面体结构，同时所有空隙被 F⁻ 填充，{111} 面完全解理，表面断键为 F—Ca 键，断键后暴露 F⁻ 和 Ca^{2+}。

重晶石晶体结构如图 3.1(c) 所示。重晶石为岛状结构硫酸盐矿物，空间群 Pnma，晶胞参数 $a=0.8884nm$、$b=0.5458nm$、$c=0.7153nm$，$\alpha=\beta=\gamma=90°$，$V=0.34684nm^3$。Ba^{2+} 周围有 7 个 [SO₄] 四面体并与其中的 12 个 O^{2-} 相连，配位数 12，沿 {001} 面完全解离。由于 S—O 键键长短（0.150nm）、键合强度大（5.4~7.7）、键价高（1.393），难以断裂；而 Ba—O 键长（0.295nm）、键合强度小（0.032~0.046）、键价低（0.156），容易断裂。所以，重晶石表面断键主要为 Ba^{2+}—O^{2-} 键，矿物表面暴露 Ba^{2+} 和 O^{2-}。

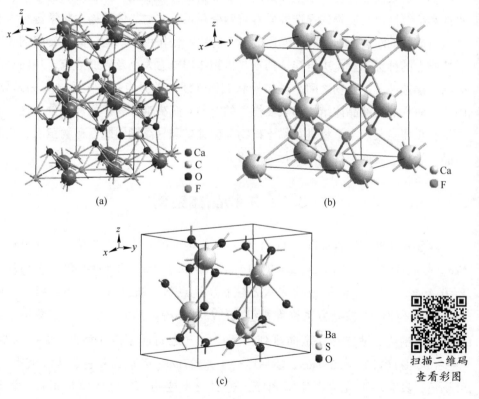

图 3.1 矿物的晶体结构

(a) 氟碳铈矿；(b) 萤石；(c) 重晶石

扫描二维码
查看彩图

3.2 矿物表面特性

矿物表面特性直接影响其浮选行为，通过 XPS、Zeta 电位测试和溶解实验，对氟碳铈矿、萤石、重晶石表面原子构成、表面电性和溶解性质进行研究，并通过浮选实验，对比三种矿物可浮性大小关系。

3.2.1 表面原子构成

对氟碳铈矿、萤石、重晶石进行 X 光电子能谱（XPS）分析，结果如图 3.2 所示。由图可知，氟碳铈矿表面主要元素包括 Ce、La、F、C、O。萤石表面主要元素包括 F、Ca、O、C，重晶石表面主要元素包括 Ba、O、C、S。3 种脉石矿物表面均存在 C 峰，这是外界不定碳污染造成的。

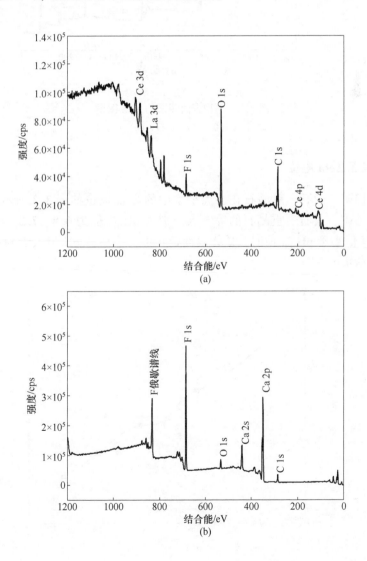

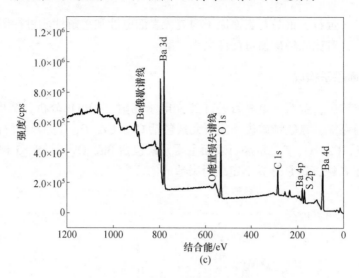

图 3.2 矿物表面测试的 XPS 图谱
（a）氟碳铈矿；（b）萤石；（c）重晶石

3.2.2 表面 Zeta 电位

氟碳铈矿、萤石、重晶石在去离子水中的 Zeta 电位如图 3.3 所示。由图可知，氟碳铈矿、萤石、重晶石的等电点分别为 pH_{IEP} 值为 6.8、7.2、4.0、3.5。当溶液 pH 值小于 pH_{IEP} 值时，矿物表面荷正电，当溶液 pH 值大于 pH_{IEP} 值时，矿物表面荷负电。

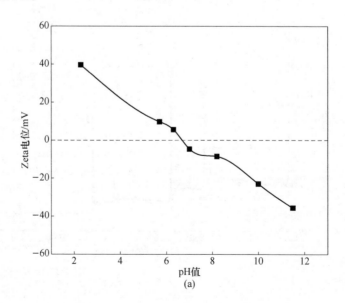

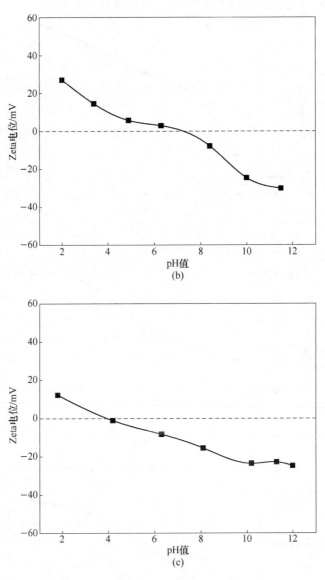

图 3.3 矿物 Zeta 电位与 pH 值关系

(a) 氟碳铈矿；(b) 萤石；(c) 重晶石

3.2.3 表面溶解性质

矿物溶解特性测试结果如图 3.4 所示。由图可知，搅拌 20min 后，溶液中 Ce^{3+} 浓度为 $3.66×10^{-5} mol/L$，萤石搅拌溶液中 Ca^{2+} 浓度为 $2.0×10^{-4} mol/L$，重晶石搅拌溶液中 Ba^{2+} 浓度为 $2.1×10^{-5} mol/L$。

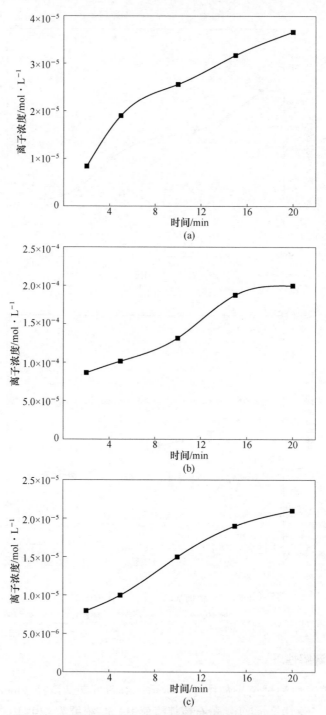

图 3.4　调浆时间对矿物在水中溶解金属离子浓度的影响
（a）氟碳铈矿；（b）萤石；（c）重晶石

3.2.4 浮选行为

羟肟酸类捕收剂是稀土浮选的常用捕收剂，采用辛基羟肟酸 OHA 为捕收剂，对氟碳铈矿和萤石、重晶石的浮选行为进行研究。在 OHA 用量为 1×10^{-4} mol/L、浮选温度为 25℃，考查 pH 值对各矿物可浮性的影响，结果如图 3.5 所示。当矿浆 pH 值小于 9.5 时，随着 pH 值的升高，氟碳铈矿和萤石、重晶石的浮选回收率逐渐增大，在 pH 值为 9.5 时，氟碳铈矿和萤石、重晶石回收率达到最大值，分别为 96.94%、73.47% 和 61.73%；当矿浆 pH 值大于 9.5 时，随着 pH 值的升高，三种矿物的浮选回收率减小。因此，三种矿物浮选最佳 pH 值为 9.5。

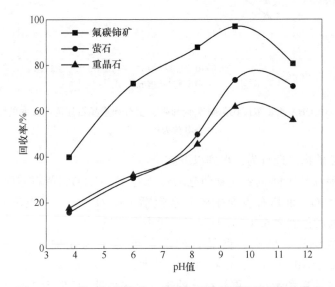

图 3.5　pH 值对氟碳铈矿、萤石和重晶石浮选回收率的影响

(OHA 1×10^{-4} mol/L)

在矿浆 pH 值为 9.5、浮选温度为 25℃时，考查 OHA 用量对氟碳铈矿和萤石、重晶石可浮性的影响，结果如图 3.6 所示。随着 OHA 用量的增加，氟碳铈矿和萤石、重晶石的浮选回收率增大，当 OHA 用量达到 1×10^{-4} mol/L 时，氟碳铈矿基本全部上浮，萤石、重晶石浮选回收率基本稳定，因此，确定三种矿物浮选最佳 OHA 用量为 1×10^{-4} mol/L。

3.3　本章小结

通过晶体结构分析、XPS 测试、Zeta 电位测试及矿物溶解特性试验等方法，探究了氟碳铈矿和含钙钡脉石矿物萤石、重晶石的晶体结构的差异和表面特性的

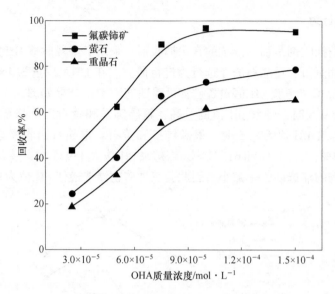

图 3.6 OHA 质量浓度用量对氟碳铈矿、萤石和重晶石浮选回收率的影响
(pH 值为 9.5)

不同，探究各矿物浮选行为，得到以下结论：

（1）氟碳铈矿表面主要元素包括 Ce、La、F、C、O。萤石表面主要元素包括 F、Ca、O、C，重晶石表面主要元素包括 Ba、O、C、S；氟碳铈矿、萤石、重晶石的等电点分别为 6.8、7.2、4.0，等电点相近。

（2）氟碳铈矿、萤石、重晶石的溶解度分别为 3.66×10^{-5} mol/L、2.0×10^{-4} mol/L、2.1×10^{-5} mol/L，萤石溶解度最大。

（3）氟碳铈矿和萤石、重晶石三种矿物浮选最佳 pH 值为 9.5，选最佳 OHA 用量为 1×10^{-4} mol/L，三种矿物的可浮性大小顺序为：氟碳铈矿>萤石>重晶石。

4 捕收剂辛基羟肟酸（OHA）对氟碳铈矿的捕收作用机制

本章通过辛基羟肟酸（OHA）在氟碳铈矿表面的吸附动力学和热力学计算，结合 Zeta 电位及 XPS 测试，系统分析辛基羟肟酸（OHA）与氟碳铈矿的界面作用机制，探究 OHA 对氟碳铈矿的捕收作用机制。

4.1 氟碳铈矿吸附 OHA 动力学和热力学

采用氟碳铈矿与 OHA 吸附量实验和吸附动力学、热力学计算，对不同条件下 OHA 在氟碳铈矿表面的吸附方式、吸附强度和吸附速度进行研究。

4.1.1 吸附动力学

图 4.1 所示为 OHA 质量浓度为 159.23mg/L（即 1×10^{-3}mol/L）、温度为 25℃、吸附时间为 15min 时，pH 值对氟碳铈矿吸附 OHA 的影响。当 pH 值小于 9.5 时，随 pH 值升高，OHA 在氟碳铈矿表面吸附量增大；当 pH 值大于 9.5 时，随 pH 值升高，OHA 在氟碳铈矿表面吸附量减小。pH 值为 9.5 时，OHA 在氟碳铈矿表面吸附量最大，这与 pH 值试验结果相一致。

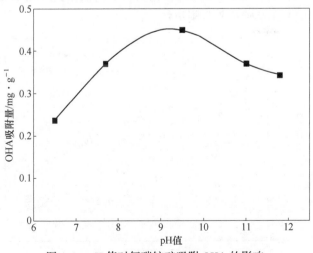

图 4.1 pH 值对氟碳铈矿吸附 OHA 的影响

（OHA 为 159.23mg/L）

图 4.2 所示为 OHA 质量浓度为 159.23mg/L、温度为 25℃ 时，在 pH 值为 6.5 和 9.5 条件下，氟碳铈矿对 OHA 吸附量随时间的变化曲线。由图 4.2 可知，随吸附时间增加，OHA 吸附量逐渐增加，吸附时间为 10min 时，氟碳铈矿吸附 OHA 趋于平衡。

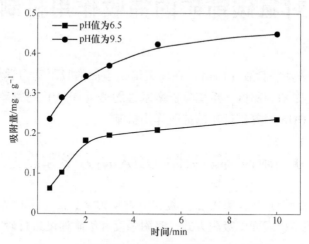

图 4.2　吸附时间对氟碳铈矿吸附 OHA 的影响
（OHA 为 159.23mg/L）

图 4.3 所示分别为 OHA 质量浓度为 159.23mg/L、温度为 25℃ 时，在 pH 值为 6.5 和 9.5 条件下，氟碳铈矿吸附 OHA 的一级动力学拟合和二级动力学拟合结果，拟合参数列于表 4.1。由表 4.1 可知，拟合指数 $R_2^2 > R_1^2$，说明氟碳铈矿吸附 OHA 更符合二级动力学模型；pH 值为 9.5 时氟碳铈矿吸附 OHA 的二级动力学拟合吸附速率常数为 3.53，大于 pH 值为 6.5 时吸附速率常数 2.29，说明 pH 值为 9.5 时，OHA 在氟碳铈矿吸附更快。

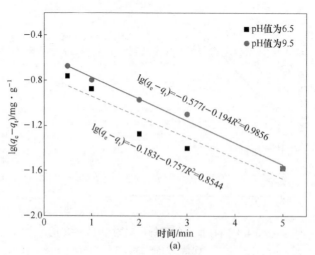

(a)

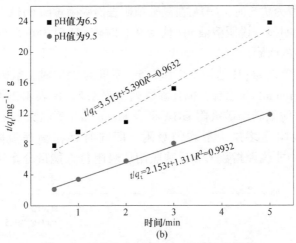

图 4.3 氟碳铈矿吸附 OHA 的动力学拟合

（a）一级动力学拟合；（b）二级动力学拟合

表 4.1 氟碳铈矿吸附 OHA 的动力学拟合参数

pH 值	一级动力学			二级动力学		
	饱和吸附量 $q_e/mg \cdot g^{-1}$	一级吸附速率常数 K_1/min^{-1}	拟合指数 R_1^2	饱和吸附量 $q_e/mg \cdot g^{-1}$	二级吸附速率常数 $K_2/g \cdot mg^{-1} \cdot min^{-1}$	拟合指数 R_2^2
6.5	0.175	0.421	0.8544	0.284	2.29	0.9632
9.5	0.265	0.447	0.9856	0.465	3.53	0.9932

4.1.2 吸附热力学

图 4.4 所示为 pH 值分别为 6.5 和 9.5、温度为 25℃ 时，氟碳铈矿对 OHA 吸附量随质量浓度的变化曲线。随 OHA 质量浓度的增加，氟碳铈矿对 OHA 吸附量

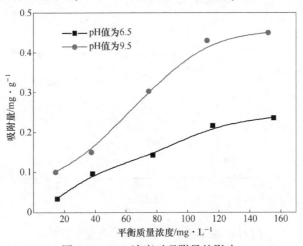

图 4.4 OHA 浓度对吸附量的影响

随之增大；pH 值为 9.5 时，OHA 在氟碳铈矿表面吸附量随 OHA 质量浓度的增加而增大的趋势更明显，说明溶液 pH 值为 9.5 时较 pH 值为 6.5 时更有利于 OHA 在氟碳铈矿表面的吸附。

图 4.5 所示分别为 pH 值为 6.5 和 9.5、温度为 25℃时，氟碳铈矿吸附 OHA 的 Langmuir 和 Freundlich 拟合，拟合参数列于表 4.2。由表 4.2 可知，等温拟合指数 $R_F^2 > R_L^2$，说明氟碳铈矿吸附 OHA 符合 Freundlich 等温吸附方程，OHA 在氟碳铈矿表面的吸附是多层、不均匀吸附，即同时存在物理吸附和化学吸附。Freundlich 方程中非线性指数 $1/n$ 反映吸附质吸附位点能量分布特征，吸附常数

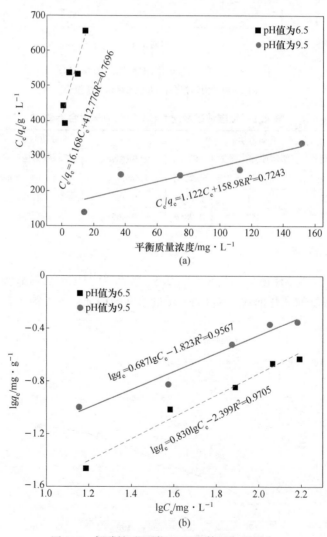

图 4.5 氟碳铈矿吸附 OHA 的等温方程拟合

(a) Langmuir 拟合；(b) Freundlich 拟合

K_F 反映吸附能力的强弱，K_F 值越大，吸附能力越大；$1/n$ 值越小，吸附强度越大。由表中 K_F、$1/n$ 值可知，氟碳铈矿在 pH 值为 9.5 时吸附 OHA 能力优于 pH 值为 6.5 时的吸附能力。

表 4.2 氟碳铈矿吸附 OHA 的等温拟合参数

pH 值	Langmuir 等温吸附拟合			Freundlich 等温吸附拟合		
	$K_L/L \cdot mg^{-1}$	$q_m/mg \cdot g^{-1}$	R_L^2	K_F	$1/n$	R_F^2
6.5	0.039	0.062	0.7696	0.004	0.830	0.9705
9.5	0.007	0.891	0.7243	0.015	0.687	0.9567

4.2 OHA 在氟碳铈矿表面作用机制

为探明 OHA 在氟碳铈矿表面的吸附的界面效应机制，进行了 OHA 溶液优势组分计算、Zeta 电位测试和 XPS 检测分析研究。

4.2.1 OHA 溶液化学计算

弱酸根阴离子在矿物表面的吸附能力与其解离常数有关，OHA 为一元弱酸，在水溶液中发生解离，通过绘制溶液中各解离组分 lgC-pH 值图，确定浮选 pH 值条件下溶液优势组分，OHA 在水溶液中存在以下平衡：

$$HA = H^+ + A^-$$

$$K_a = \frac{[H^+] \cdot [A^-]}{[HA]} \tag{4.1}$$

浓度平衡公式：

$$[A] = [HA] + [A^-] \tag{4.2}$$

式 (4.1) 代入式 (4.2) 求得：

$$[A^-] = \frac{K_a \cdot [A]}{K_a + [H^+]} \tag{4.3}$$

$$[HA] = \frac{[H^+] \cdot [A]}{K_a + [H^+]} \tag{4.4}$$

式 (4.3) 和式 (4.4) 两边各取对数求得：

$$\lg[A^-] = \lg[A] - \lg(K_a + [H^+]) + \lg[K_a] \tag{4.5}$$

$$\lg[HA] = \lg[A] - pH - \lg(K_a + [H^+]) \tag{4.6}$$

辛基羟肟酸解离平衡常数 $pK_a = 8.4$，当辛基羟肟酸浓度为 2.5×10^{-4} mol/L 时，则：

$$\lg[A^-] = -12 - \lg(10^{-8.4} + [H^+]) \tag{4.7}$$

$$\lg[HA] = -3.6 - pH - \lg(10^{-8.4} + [H^+]) \tag{4.8}$$

由上述计算绘出 OHA 的质量浓度对数与 pH 值的 lg$C$-pH 图，如图 4.6 所示。

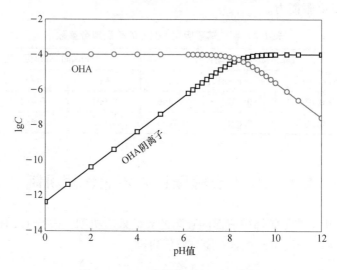

图 4.6 OHA 溶液体系 lg$C$-pH 值图

(OHA $1×10^{-4}$ mol/L)

由图 4.6 可知，随 pH 值的增大，OHA 解离程度大，溶液中 OHA 阴离子含量增加，从而增加其在氟碳铈矿表面的化学吸附；而 pH 值过高（pH 值大于9.5）时，矿物表面电负性增强，静电斥力会阻碍 OHA 阴离子在矿物表面的吸附，导致 OHA 在氟碳铈矿表面的吸附量减小。这与 pH 值对氟碳铈矿吸附 OHA 的影响规律及浮选试验结果相一致。

4.2.2 OHA 与氟碳铈矿作用的 Zeta 电位测试

矿物在溶液中由于表面正、负离子的结合能及受水化作用强度不同会发生非等当量解离，此外当向溶液中加入浮选药剂时，药剂在水中解离，会在矿物表面发生吸附，这些因素都会影响矿物 Zeta 电位的变化。

图 4.7 所示为 OHA 质量浓度对氟碳铈矿 Zeta 电位的影响。无 OHA 时，氟碳铈矿等电点 pH 值为 6.8；与 OHA 作用后的氟碳铈矿 Zeta 电位负移，主要为带负电的 OHA 阴离子和 OHA 分子在氟碳铈矿表面吸附后，降低或屏蔽了氟碳铈矿表面的正电性所致；且随着 OHA 质量浓度增大，氟碳铈矿 Zeta 电位负移程度增大，说明随 OHA 质量浓度增大，其在氟碳铈矿表面吸附量增加，这与 OHA 质量浓度和氟碳铈矿吸附量的关系研究结果一致。

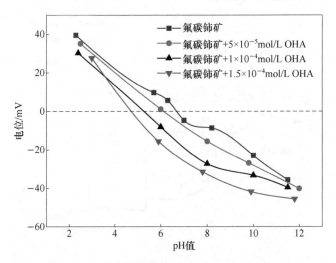

图 4.7　OHA 浓度对氟碳铈矿 Zeta 电位的影响

4.2.3　OHA 与氟碳铈矿作用的 XPS 分析

　　X 射线光电子能谱（XPS）一种重要的表面分析方法，可通过对内层电子结合能的化学位移精确测量来确定元素的化学状态、化学键和电荷分布，对元素进行定性分析、定量分析；同时可以进行包括化学组成或元素组成、原子价态、表面能态分布、表面电子的电子云分布和能级结构等在内的固体表面分析。为考查 OHA 对氟碳铈矿表面原子组成和原子价态的影响，并探究 OHA 在氟碳铈矿表面的吸附位点，进行了氟碳铈矿与 OHA 作用前后的 X 射线光电子能谱测试。测试结果如图 4.8 ~ 图 4.11 所示和见表 4.3、表 4.4。

　　图 4.8 所示为 OHA 作用前后氟碳铈矿的 XPS 全谱、OHA 及 OHA 与 $CeCl_3$ 反应生成络合沉淀的 XPS 全谱，表 4.3 为 OHA 作用前后氟碳铈矿表面相对原子浓度。由图 4.8(b) 可知，OHA XPS 全谱在 400eV 左右处出现 N 1s 峰，OHA 与 Ce 反应生成络合沉淀 XPS 全谱在 880 ~ 915eV、100eV 及 200eV 处出现 Ce 峰；由图 4.8(a) 可知，OHA 与氟碳铈矿作用后，氟碳铈矿表面出现 N 1s 峰，表明 OHA 在氟碳铈矿表面发生了吸附；由表 4.3 可知，氟碳铈矿与 OHA 作用后氟碳铈矿表面 Ce、F、O 含量（质量分数）分别降低了 0.57%、1.53%、5.66%，N 含量（质量分数）增加 1.82%，这可能是 OHA 吸附在氟碳铈矿表面暴露的 Ce 活性质点以及 F、O 原子上。

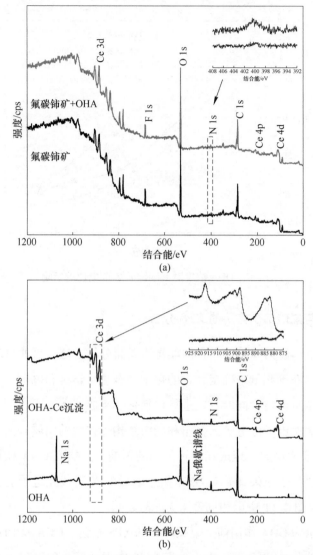

图 4.8 OHA 作用前后氟碳铈矿及 OHA、Ce-OHA 沉淀的 XPS 全谱

（a）氟碳铈矿，氟碳铈矿+OHA；（b）OHA，Ce-OHA 沉淀

表 4.3 氟碳铈矿与 OHA 作用前后表面相对原子浓度

样品	原子浓度/%				
	Ce	F	C	O	N
氟碳铈矿	4.2	6.23	51.65	37.92	—
氟碳铈矿+OHA	3.63	4.7	57.59	32.26	1.82

图 4.9 所示为 OHA 作用前后氟碳铈矿表面 Ce 3d XPS 高分辨谱、OHA-Ce 沉

淀及 CeCl$_3$ 的 Ce 3d XPS 高分辨谱。表4.4 为氟碳铈矿与 OHA 作用后表面元素原子轨道结合能及结合能位移。

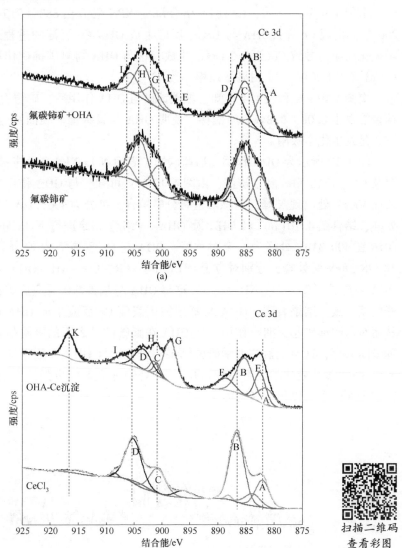

图4.9　OHA 作用前后氟碳铈矿及 OHA-Ce 沉淀、CeCl$_3$ 的 Ce 3d XPS 高分辨谱

(a) 氟碳铈矿，氟碳铈矿+OHA；(b) OHA, Ce-OHA 沉淀

据文献资料可知，Ce$_2$O$_3$(Ⅲ) 在 3d$_{5/2}$ 和 3d$_{3/2}$ 轨道各有 2 个峰，CeO$_2$(Ⅳ) 在 3d$_{5/2}$ 和 3d$_{3/2}$ 轨道各有 3 个峰。因此，图 4.9(a) 中氟碳铈矿 Ce 3d 峰可分为 Ce(Ⅲ) 3d$_{5/2}$(A 峰、C 峰)、Ce(Ⅲ) 3d$_{3/2}$(F 峰、H 峰)、Ce(Ⅳ) 3d$_{5/2}$(B 峰、D 峰、E 峰)、Ce(Ⅳ) 3d$_{3/2}$(G 峰、I 峰) 共 9 个峰，较 CeO$_2$、Ce$_2$O$_3$ 复杂，且

以 Ce(Ⅲ) $3d_{5/2}$ 和 Ce(Ⅲ) $3d_{3/2}$ 峰为主，氟碳铈矿 Ce 3d 峰与文献所述相一致。

由图 4.9(b) 可知，Ce-OHA 络合沉淀 XPS 全谱在 880 ~ 915eV、100eV 及 200eV 处出现 Ce 峰；OHA 与 $CeCl_3$ 反应生成 OHA-Ce 沉淀的过程中，Ce^{3+} 发生了氧化反应，导致 Ce(Ⅳ) 3d 峰的生成，这与 OHA 与氟碳铈矿作用后矿物表面 Ce 3d 峰中 Ce(Ⅳ) 3d 明显增强相一致。

由图 4.9(a) 和表 4.4 可知，氟碳铈矿与 OHA 作用后，矿物表面 Ce 3d 元素结合能发生 0.08 ~ 0.84eV 的偏移，说明 OHA 与氟碳铈矿表面 Ce 活性位点作用方式是发生化学吸附。

图 4.10 所示为 OHA 作用前后氟碳铈矿表面 N 1s XPS 高分辨谱、OHA-Ce 沉淀及 OHA N 1s XPS 高分辨谱，由图 4.10(a) 可知，与 OHA 作用后的氟碳铈矿表面 400eV 处出现 N 峰，对该峰进行分峰拟合，可分为 400.71eV 和 399.62eV 两处峰；结合图 4.10(b) 对 OHA 及 OHA-Ce 络合沉淀进行 N 1s 分峰拟合可知，OHA 在 400.31eV 处峰为一个对称峰，OHA 与 Ce 反应后 N 峰分裂为 400.63eV 和 398.38eV 两处峰，分别对应于 OHA 分子（R—CO—NH—OH）和去质子后的 OHA 阴离子（R—CO—NH—O⁻），这与 OHA 与氟碳铈矿反应后矿物表面的 N 1s 峰位相一致。结果表明，OHA 与氟碳铈矿表面 Ce 反应生成 OHA-Ce 络合沉淀，从而对氟碳铈矿起到捕收作用，且 OHA 在氟碳铈矿表面的吸附是化学吸附和物理吸附共存，这与吸附热力学研究结果相符合，且 OHA 在氟碳铈矿表面吸附后 N 1s 399.62eV 处化学吸附峰较 400.71eV 处物理吸附峰更强，说明 OHA 在氟碳铈矿表面的吸附以化学吸附为主。

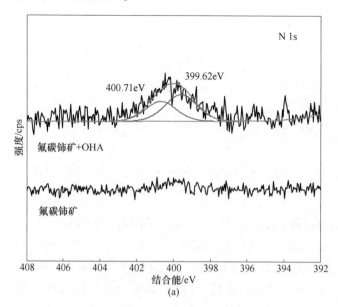

(a)

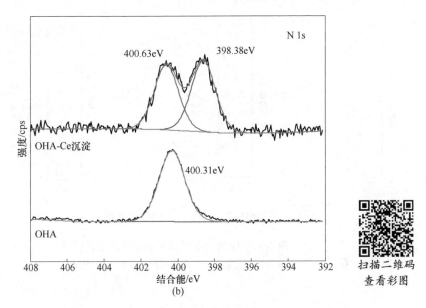

扫描二维码
查看彩图

图 4.10　OHA 作用前后氟碳铈矿、OHA-Ce 沉淀及 OHA 的 N 1s XPS 高分辨谱

（a）氟碳铈矿，氟碳铈矿+OHA；（b）OHA，Ce-OHA 沉淀

表 4.4　氟碳铈矿与 OHA 作用后元素原子轨道结合能及结合能位移

样品	结合能/eV								
	O	Ce(Ⅲ) $3d_{5/2}$		Ce(Ⅲ) $3d_{3/2}$		Ce(Ⅳ) $3d_{5/2}$		Ce(Ⅳ) $3d_{3/2}$	
		A	C	F	H	B	D	E	G	I
氟碳铈矿	531.52	882.44	885.62	900.48	903.95	884.17	887.6	896.59	901.9	906.18
氟碳铈矿+OHA	531.68	881.97	885.11	900.11	903.57	883.95	886.76	896.75	901.82	905.78
结合能位移	0.16	-0.47	-0.51	-0.37	-0.38	-0.22	-0.84	0.16	-0.08	-0.4

4.2.4　OHA 与氟碳铈矿的作用模型

根据以上实验及测试分析，可推测 OHA 在氟碳铈矿表面吸附的界面行为过程，如图 4.11 所示。OHA 在氟碳铈矿表面同时发生化学吸附和物理吸附，OHA 对氟碳铈矿的吸附作用机制为：

（1）OHA 阴离子与氟碳铈矿表面暴露的 Ce^{3+} 发生螯合反应生成 OHA-Ce 沉淀，形成化学吸附；

（2）OHA 分子中的 H 与氟碳铈矿表面 CO_3^{2-} 中的 O 及表面暴露的 F 形成氢键，发生物理吸附；

（3）同时，溶液中游离的 OHA 分子与在氟碳铈矿表面已吸附的 OHA 分子生成氢键，形成不均匀的物理吸附层。

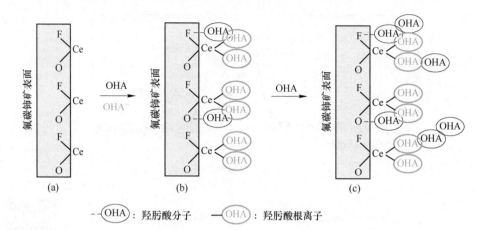

- - ◯OHA ：羟肟酸分子 —◯OHA ：羟肟酸根离子

图 4.11 OHA 在氟碳铈矿表面吸附过程模型

(a) 吸附前；(b) 单层吸附；(c) 多层吸附

4.3 本章小结

通过纯矿物浮选实验、OHA 在氟碳铈矿表面的吸附动力学和热力学计算、Zeta 电位测试及 XPS 分析等手段，从浮选药剂-矿物颗粒的界面效应入手，探究了 OHA 对氟碳铈矿的捕收能力和捕收机理，得到以下结论：

（1）纯矿物浮选试验、吸附动力学和热力学计算表明，OHA 浮选氟碳铈矿的最佳 pH 值为 9.5，适当用量的 OHA 可完全使氟碳铈矿上浮，OHA 对氟碳铈矿捕收能力强。

（2）吸附热力学、Zeta 电位测试及 XPS 分析表明，OHA 在氟碳铈矿表面发生多层吸附，且同时存在物理吸附和化学吸附。吸附机制为：OHA 阴离子与氟碳铈矿表面暴露的 Ce^{3+} 发生螯合反应生成 OHA-Ce 沉淀，形成化学吸附；OHA 分子中的 H 与氟碳铈矿表面 CO_3^{2-} 中的 O 及表面暴露的 F 形成氢键，发生物理吸附；同时，溶液中游离的 OHA 分子与在氟碳铈矿表面已吸附的 OHA 分子生成氢键，形成不均匀的物理吸附层。

5 各类抑制剂对氟碳铈矿与钙钡脉石矿物浮选分离的影响

通过氟碳铈矿、萤石和重晶石的浮选行为研究可知，3 种矿物的可浮性相近，要实现氟碳铈矿与萤石、重晶石钙钡脉石矿物的分离，必须在浮选过程中选择合适的抑制剂对钙钡脉石矿物进行抑制。本章通过单矿物浮选试验和混合矿分离试验，考查了硅酸盐类及磷酸盐类等无机抑制剂、小分子及高分子等有机抑制剂对氟碳铈矿和萤石、重晶石的抑制性能。

5.1 无机抑制剂对氟碳铈矿和钙钡脉石矿物浮选行为的影响

首先介绍水玻璃（硅酸钠）、氟硅酸钠等硅酸盐类和六偏磷酸钠、焦磷酸钠、磷酸三钠、三聚磷酸钠等磷酸盐类无机抑制剂对氟碳铈矿和萤石、重晶石浮选的抑制效果。

5.1.1 硅酸盐类抑制剂

5.1.1.1 水玻璃

图 5.1 所示为 OHA 浓度为 1×10^{-4} mol/L、矿浆 pH 值为 9.5 时，不同水玻璃用量条件下对氟碳铈矿、萤石、重晶石浮选回收率的影响。随着水玻璃用量的增加，萤石、重晶石浮选回收率迅速下降，而氟碳铈矿的回收率下降并不明显，当水玻璃用量达到 150mg/L 时，氟碳铈矿回收率为 69.9%，萤石浮选回收率为 9.18%、重晶石完全不浮。

结果表明，OHA 作捕收剂时，水玻璃对萤石、重晶石表现出强烈的抑制作用，而对氟碳铈矿抑制作用较弱，水玻璃对 3 种矿物抑制效果强弱顺序为：萤石 ≈重晶石>氟碳铈矿，可作为氟碳铈矿与含钙、钡盐类脉石矿物混合矿物分离试验抑制剂。

5.1.1.2 氟硅酸钠

图 5.2 所示为 OHA 浓度为 1×10^{-4} mol/L、矿浆 pH 值为 9.5 时，不同氟硅酸钠用量条件下对氟碳铈矿、萤石、重晶石浮选回收率的影响。随着氟硅酸钠用量的增加，氟碳铈矿、萤石浮选回收率迅速下降，重晶石的回收率下降并不明显，当氟硅酸钠用量达到 150mg/L 时，氟碳铈矿、萤石浮选回收率均降到 30% 以下，

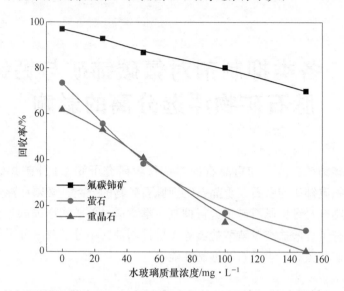

图 5.1　水玻璃用量对氟碳铈矿、萤石、重晶石可浮性的影响
（OHA $1×10^{-4}$ mol/L；pH 值为 9.5）

而重晶石浮选回收率保持在 60% 左右。结果表明，OHA 作捕收剂时，氟硅酸钠对氟碳铈矿、萤石均表现出强烈的抑制作用，水氟硅酸钠对 3 种矿物抑制效果强弱顺序为：萤石>氟碳铈矿>重晶石，不可作为氟碳铈矿与含钙、钡盐类脉石矿物混合矿物分离试验抑制剂。

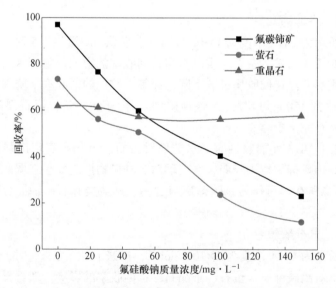

图 5.2　氟硅酸钠用量对氟碳铈矿、萤石、重晶石可浮性的影响
（OHA $1×10^{-4}$ mol/L；pH 值为 9.5）

5.1.2 磷酸盐类抑制剂

5.1.2.1 六偏磷酸钠

图 5.3 所示为 OHA 浓度为 1×10^{-4} mol/L、矿浆 pH 值为 9.5 时，不同六偏磷酸钠用量条件下对氟碳铈矿、萤石、重晶石浮选回收率的影响。随着六偏磷酸钠用量的增加，萤石、重晶石浮选回收率迅速下降，对氟碳铈矿的回收率影响不大，当六偏磷酸钠用量达到 10mg/L 时，氟碳铈矿回收率为 81.12%，萤石浮选回收率为 12.24%，重晶石则几乎不浮。结果表明，OHA 作捕收剂时，六偏磷酸钠对萤石、重晶石表现出强烈的抑制作用，而对氟碳铈矿抑制作用较弱，六偏磷酸钠对 3 种矿物抑制效果强弱顺序为：萤石>重晶石>氟碳铈矿，可作为氟碳铈矿与含钙、钡盐类脉石矿物混合矿物分离试验抑制剂。

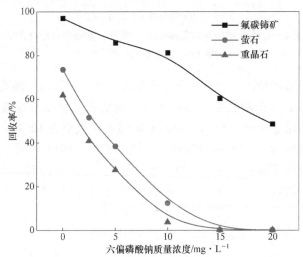

图 5.3 六偏磷酸钠用量对氟碳铈矿、萤石、重晶石可浮性的影响
（OHA 1×10^{-4} mol/L；pH 值为 9.5）

5.1.2.2 焦磷酸钠

图 5.4 所示为 OHA 浓度为 1×10^{-4} mol/L、矿浆 pH 值为 9.5 时，不同焦磷酸钠用量条件下对氟碳铈矿、萤石、重晶石浮选回收率的影响。随着焦磷酸钠用量的增加，氟碳铈矿、萤石、重晶石浮选回收率均迅速下降，当焦磷酸钠用量达到 20mg/L 时，氟碳铈矿萤石、重晶石浮选回收率均低于 30%。结果表明，OHA 作捕收剂时，焦磷酸钠对氟碳铈矿、萤石均表现出强烈的抑制作用，焦磷酸钠对 3 种矿物抑制效果强弱顺序为：萤石≈重晶石≈氟碳铈矿，不可作为氟碳铈矿与含钙、钡盐类脉石矿物混合矿物分离试验抑制剂。

5.1.2.3 磷酸三钠

图 5.5 所示为 OHA 浓度为 1×10^{-4} mol/L、矿浆 pH 值为 9.5 时，不同磷酸三

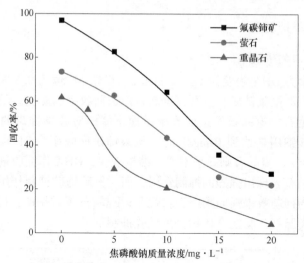

图 5.4 焦磷酸钠用量对氟碳铈矿、萤石、重晶石可浮性的影响

（OHA $1×10^{-4}$ mol/L；pH 值为 9.5）

钠用量条件下对氟碳铈矿、萤石、重晶石浮选回收率的影响。随着磷酸三钠用量的增加，氟碳铈矿浮选回收率均迅速下降，而萤石、重晶石浮选回收率下降较慢，当磷酸三钠用量达到 3.5 mg/L 时，氟碳铈矿回收率为 10.20%，萤石、重晶石浮选回收率分别为 42.53%、15.31%。结果表明，OHA 作捕收剂时，磷酸三钠对氟碳铈矿表现出强烈的抑制作用，而对萤石、重晶石抑制作用较弱，磷酸三钠对 3 种矿物抑制效果强弱顺序为：氟碳铈矿>萤石≈重晶石，不可作为氟碳铈矿与含钙、钡盐类脉石矿物混合矿物分离试验抑制剂。

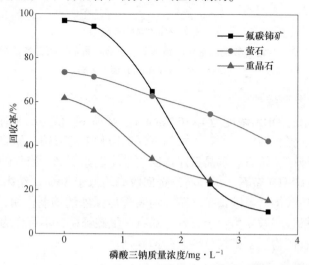

图 5.5 磷酸三钠用量对氟碳铈矿、萤石、重晶石可浮性的影响

（OHA $1×10^{-4}$ mol/L；pH 值为 9.5）

5.1.2.4　三聚磷酸钠

图 5.6 所示为 OHA 浓度为 $1×10^{-4}$ mol/L、矿浆 pH 值为 9.5 时，不同三聚磷酸钠用量条件下对氟碳铈矿、萤石、重晶石浮选回收率的影响。

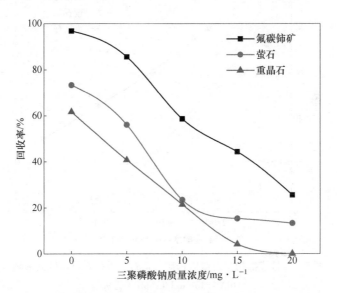

图 5.6　三聚磷酸钠用量对氟碳铈矿、萤石、重晶石可浮性的影响

（OHA $1×10^{-4}$ mol/L；pH 值为 9.5）

由图 5.6 可知，随着三聚磷酸钠用量的增加，氟碳铈矿、萤石、重晶石浮选回收率均迅速下降，当三聚磷酸钠用量为 15mg/L 时，萤石、重晶石受到显著抑制，浮选回收率分别为 15.31%、4.08%，此时氟碳铈矿回收率为 44.39%。结果表明，OHA 作捕收剂时，三聚磷酸钠对萤石、重晶石表现出强烈的抑制作用，对氟碳铈矿同样抑制作用明显，不利于氟碳铈矿与盐类脉石矿物分离，三聚磷酸钠对 3 种矿物抑制效果强弱顺序为：氟碳铈矿≈萤石≈重晶石，不可作为氟碳铈矿与含钙、钡盐类脉石矿物混合矿物分离试验抑制剂。

5.2　有机抑制剂对氟碳铈矿和钙钡脉石矿物浮选行为的影响

本节介绍了柠檬酸、乙二胺四乙酸（EDTA）、酒石酸、草酸等小分子有机抑制剂和淀粉、羧甲基纤维素（CMC）、瓜尔胶等高分子有机抑制剂对氟碳铈矿和萤石、重晶石浮选行为的抑制性能。

5.2.1　小分子抑制剂

5.2.1.1　柠檬酸

图 5.7 所示为 OHA 浓度为 $1×10^{-4}$ mol/L、矿浆 pH 值为 9.5 时，不同柠檬酸

用量条件下对氟碳铈矿、萤石、重晶石浮选回收率的影响。

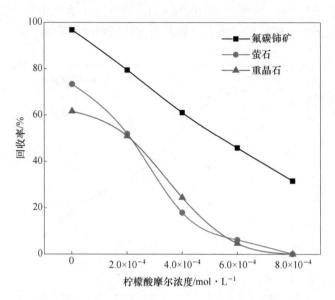

图 5.7　柠檬酸用量对氟碳铈矿、萤石、重晶石可浮性的影响

（OHA 1×10^{-4} mol/L；pH 值为 9.5）

由图 5.7 可知，随着柠檬酸用量的增加，萤石、重晶石浮选回收率迅速下降，氟碳铈矿的回收率下降明显。当柠檬酸用量达到 6×10^{-4} mol/L 时，萤石、重晶石受到强烈抑制，浮选回收率分别为 6.12%、4.59%；同时，氟碳铈矿回收率为 45.92%，也受到显著抑制。结果表明，OHA 作捕收剂时，柠檬酸对萤石、重晶石表现出强烈的抑制作用，对氟碳铈矿也有一定的抑制作用，不利于氟碳铈矿与盐类脉石矿物分离。柠檬酸对 3 种矿物抑制效果强弱顺序为：萤石>重晶石>氟碳铈矿，不可作为氟碳铈矿与含钙、钡盐类脉石矿物混合矿物分离试验抑制剂。

5.2.1.2　EDTA

图 5.8 所示为 OHA 浓度为 1×10^{-4} mol/L、矿浆 pH 值为 9.5 时，不同 EDTA 用量条件下对氟碳铈矿、萤石、重晶石浮选回收率的影响。当 EDTA 用量达到 8×10^{-4} mol/L 时，萤石、重晶石受到强烈抑制而基本不浮；EDTA 用量在 $0 \sim 8 \times 10^{-4}$ mol/L 范围内变化对氟碳铈矿浮选回收率的影响较小，氟碳铈矿回收率保持在 95% 左右。结果表明，OHA 作捕收剂时，EDTA 对萤石、重晶石表现出强烈的抑制作用，对氟碳铈矿基本没有抑制作用，抑制效果强弱顺序：重晶石>萤石>氟碳铈矿，EDTA 可作为氟碳铈矿与萤石、重晶石混合矿分离试验抑制剂。

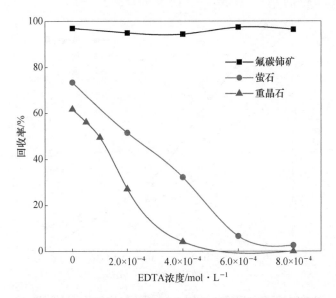

图 5.8 EDTA 用量对氟碳铈矿、萤石、重晶石可浮性的影响
（OHA $1×10^{-4}$ mol/L；pH 值为 9.5）

5.2.1.3 酒石酸

图 5.9 所示为 OHA 浓度为 $1×10^{-4}$ mol/L、矿浆 pH 值为 9.5 时，不同酒石酸用量条件下对氟碳铈矿、萤石、重晶石浮选回收率的影响。由图可知，随着酒石酸用量的增加，氟碳铈矿、萤石浮选回收率迅速下降，重晶石浮选回收率下降并不显著；当酒石酸用量达到 $8×10^{-4}$ mol/L 时，氟碳铈矿、萤石受到强烈抑制，浮选回收率分别为 28.57%、21.94%，此时重晶石回收率为 40.82%。结果表明，OHA 作捕收剂时，酒石酸对氟碳铈矿、萤石表现出强烈的抑制作用，对重晶石抑制作用较弱，不利于氟碳铈矿与盐类脉石矿物分离。酒石酸对 3 种矿物抑制效果强弱顺序为：氟碳铈矿≈萤石>重晶石，不可作为氟碳铈矿与含钙、钡盐类脉石矿物混合矿物分离试验抑制剂。

5.2.1.4 草酸

图 5.10 所示为 OHA 浓度为 $1×10^{-4}$ mol/L、矿浆 pH 值为 9.5 时，不同草酸用量条件下对氟碳铈矿、萤石、重晶石浮选回收率的影响。随着草酸用量的增加，氟碳铈矿浮选回收率迅速下降，萤石、重晶石浮选回收率下降并不显著；当草酸用量达到 $2×10^{-3}$ mol/L 时，氟碳铈矿浮选回收率均不足 10%，受到强烈抑制，此时萤石、重晶石回收率均在 40% 以上。结果表明，OHA 作捕收剂时，草酸对氟碳铈矿表现出强烈的抑制作用，对萤石、重晶石抑制作用较弱，对 3 种矿物抑制效果强弱顺序为：氟碳铈矿>重晶石≈萤石，不可作为氟碳铈矿与含钙、钡盐类脉石矿物混合矿物分离试验抑制剂。

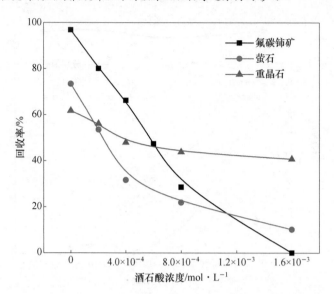

图 5.9 酒石酸用量对氟碳铈矿、萤石、重晶石可浮性的影响

(OHA 1×10^{-4} mol/L; pH 值为 9.5)

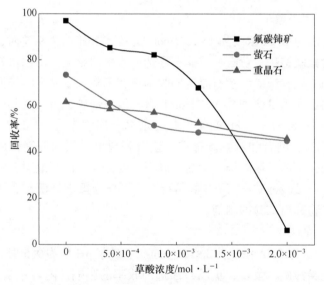

图 5.10 草酸用量对氟碳铈矿、萤石、重晶石可浮性的影响

(OHA 1×10^{-4} mol/L; pH 值为 9.5)

5.2.2 高分子抑制剂

5.2.2.1 淀粉

图 5.11 所示为 OHA 浓度为 1×10^{-4} mol/L、矿浆 pH 值为 9.5 时，不同淀粉用

量条件下对氟碳铈矿、萤石、重晶石浮选回收率的影响。随着淀粉用量的增加，氟碳铈矿、萤石、重晶石浮选回收率均迅速下降，当淀粉用量达到30mg/L时，氟碳铈矿浮选回收率降到30%以下，但此时氟碳铈矿回收率也不足50%，抑制作用显著。结果表明，OHA 作捕收剂时，淀粉对氟碳铈矿、萤石、重晶石表现出强烈的抑制作用，对3种矿物抑制效果强弱顺序为：氟碳铈矿≈重晶石≈萤石，不适用于氟碳铈矿与盐类脉石矿物分离，不可作为氟碳铈矿与含钙、钡盐类脉石矿物混合矿物分离试验抑制剂。

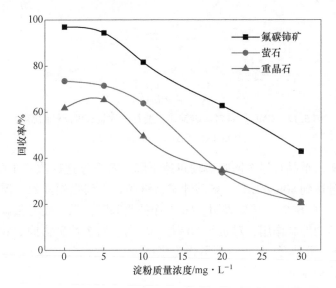

图5.11 淀粉用量对氟碳铈矿、萤石、重晶石可浮性的影响
（OHA 1×10^{-4} mol/L；pH 值为9.5）

5.2.2.2 CMC

图5.12 所示为 OHA 浓度为 1×10^{-4} mol/L、矿浆 pH 值为9.5 时，不同 CMC 用量条件下对氟碳铈矿、萤石、重晶石浮选回收率的影响。随着 CMC 用量的增加，萤石、重晶石回收率均迅速下降，氟碳铈矿回收率下降不明显；当 CMC 用量达到10mg/L 时，氟碳铈矿浮选回收率为68.38%，萤石、重晶石受到强烈抑制，浮选回收率分别降至10.2%、20.92%。结果表明，OHA 作捕收剂时，CMC 对萤石、重晶石表现出强烈的抑制作用，对氟碳铈矿抑制作用较弱，抑制效果强弱顺序为：萤石>重晶石>氟碳铈矿，CMC 可作为氟碳铈矿与含钙、钡盐类脉石矿物混合矿物分离试验抑制剂。

5.2.2.3 瓜尔胶

图5.13 所示为 OHA 浓度为 1×10^{-4} mol/L、矿浆 pH 值为9.5 时，不同瓜尔胶用量条件下对氟碳铈矿、萤石、重晶石浮选回收率的影响。随着瓜尔胶用量的增

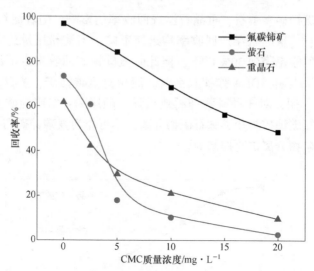

图 5.12 CMC 用量对氟碳铈矿、萤石、重晶石可浮性的影响

（OHA 1×10⁻⁴ mol/L；pH 值为 9.5）

加，氟碳铈矿、重晶石浮选回收率均迅速下降，萤石浮选回收率下降并不明显；当瓜尔胶用量达到 80mg/L 时，氟碳铈矿、重晶石受到强烈抑制，浮选回收率分别为 13.27%、9.69%。结果表明，OHA 作捕收剂时，瓜尔胶对氟碳铈矿、重晶石表现出强烈的抑制作用，对萤石抑制作用较弱，对 3 种矿物抑制效果强弱顺序为：氟碳铈矿>重晶石>萤石，不可作为氟碳铈矿与含钙、钡盐类脉石矿物混合矿物分离试验抑制剂。

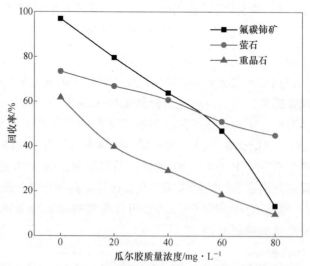

图 5.13 瓜尔胶用量对氟碳铈矿、萤石、重晶石可浮性的影响

（OHA 1×10⁻⁴ mol/L；pH 值为 9.5）

5.3 优选抑制剂人工混合矿分离实验

根据单矿物浮选试验结果，优选出无机抑制剂水玻璃和六偏磷酸钠，有机抑制剂 EDTA，CMC 作为氟碳铈矿和萤石、重晶石等含钙、钡盐类脉石矿物混合矿分离试验的抑制剂。人工混合矿浮选分离试验分别考查了优选抑制剂对氟碳铈矿和萤石 1∶1 混合矿、氟碳铈矿和重晶石 1∶1 混合矿浮选分离的影响。

5.3.1 氟碳铈矿和萤石 1∶1 混合矿浮选分离试验

5.3.1.1 水玻璃对氟碳铈矿和萤石 1∶1 混合矿浮选分离的影响

当捕收剂 OHA 浓度为 $1×10^{-4}$mol/L、浮选 pH 值为 9.5 时，考查了抑制剂水玻璃用量对人工混合矿浮选分离效果的影响规律，并与抑制剂水玻璃对单矿物可浮性的影响进行对比，试验结果如图 5.14 所示。

由图 5.14(a) 可知，随着水玻璃浓度的增加，氟碳铈矿和萤石的浮选回收率持续下降，当水玻璃用量达到 200mg/L 时，萤石的回收率由 79.5% 降至 6.96%，高于同样水玻璃用量下萤石单矿物浮选的回收率，这可能是氟碳铈矿溶解的 Ce^{3+} 金属离子吸附在萤石表面，对萤石浮选产生活化作用，使萤石表面具有了一定的类似氟碳铈矿的性质，从而降低了水玻璃的选择性，此试验结果与 Ce^{3+} 金属离子活化萤石浮选结果相一致；氟碳铈矿的回收率则由 85.5% 降至 23.04%，远低于同样水玻璃用量下氟碳铈矿单矿物浮选的回收率（61.22%），可能是浮选萤石溶解的 Ca^{2+} 和水玻璃共同作用所致。

由图 5.14(b) 可知，随着水玻璃浓度的增加，氟碳铈矿精矿中 REO 品位由 36.9% 升高至 53.6%，精矿中萤石含量（质量分数）由 48.18% 降至 23.19%，

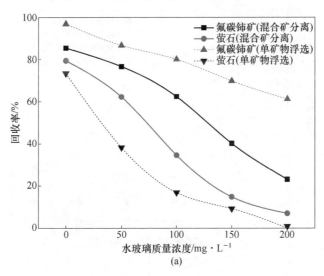

(a)

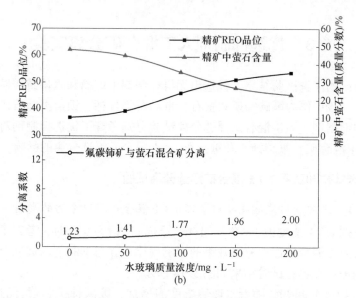

图 5.14 水玻璃对氟碳铈矿和萤石 1∶1 人工混合矿浮选分离效果的影响

(a) 回收率；(b) 分离系数（OHA 1×10^{-4} mol/L；pH 值为 9.5）

分离系数由 1.23 升高至 2.00。结果表明，水玻璃作氟碳铈矿和萤石混合矿浮选分离抑制剂时，选择性抑制作用差，分离效果不佳。

5.3.1.2 六偏磷酸钠对氟碳铈矿和萤石 1∶1 混合矿浮选分离的影响

当捕收剂 OHA 浓度为 1×10^{-4} mol/L、浮选 pH 值为 9.5 时，考查了抑制剂六偏磷酸钠用量对氟碳铈矿和萤石人工混合矿浮选分离效果的影响规律，并与抑制剂六偏磷酸钠对单矿物可浮性的影响进行对比，试验结果如图 5.15 所示。

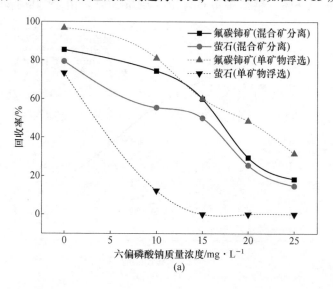

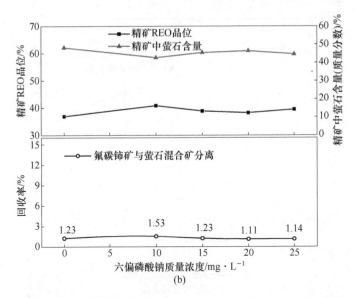

图 5.15　六偏磷酸钠对氟碳铈矿和萤石 1∶1 人工混合矿浮选分离效果的影响

(a) 回收率；(b) 分离系数　(OHA 1×10⁻⁴ mol/L；pH 值为 9.5)

由图 5.15(a) 可知，随着六偏磷酸钠浓度的增加，氟碳铈矿和萤石的浮选回收率均持续下降，当六偏磷酸钠用量达到 20mg/L 时，萤石的回收率由 79.5% 降至 25.49%，高于同样六偏磷酸钠用量下萤石单矿物浮选的回收率，这可能是氟碳铈矿溶解的 Ce^{3+} 金属离子吸附在萤石表面，对萤石浮选产生活化作用，使萤石表面具有了一定的类似氟碳铈矿的性质，从而降低了六偏磷酸钠的选择性；氟碳铈矿的回收率则由 85.5% 降至 25.49%，低于同样六偏磷酸钠用量下氟碳铈矿单矿物浮选的回收率（48.47%），分析认为可能是浮选萤石溶解的 Ca^{2+} 和六偏磷酸钠共同作用所致。

由图 5.15(b) 可知，随着六偏磷酸钠浓度的增加，氟碳铈矿精矿中 REO 品位保持在 36.9% ~40.81% 之间，没有明显提升，精矿中萤石含量（质量分数）保持在 48.18% ~42.69%，分离系数 1.23 左右。结果表明，六偏磷酸钠作氟碳铈矿和萤石混合矿浮选分离抑制剂时，选择性抑制作用差，分离效果差。

5.3.1.3　CMC 对氟碳铈矿和萤石 1∶1 混合矿浮选分离的影响

当捕收剂 OHA 浓度为 1×10⁻⁴ mol/L、浮选 pH 值为 9.5 时，考查了抑制剂 CMC 用量对氟碳铈矿和萤石人工混合矿浮选分离效果的影响规律，并与抑制剂 CMC 对单矿物可浮性的影响进行对比，试验结果如图 5.16 所示。

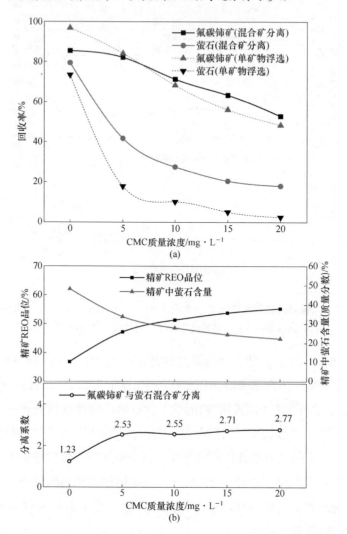

图 5.16 CMC 对氟碳铈矿和萤石 1∶1 人工混合矿浮选分离效果的影响
（a）回收率；（b）分离系数（OHA 浓度 1×10⁻⁴mol/L；pH 值为 9.5）

由图 5.16(a) 可知，随着 CMC 浓度的增加，萤石的浮选回收率持续下降至不浮，氟碳铈矿保持较好的可浮性。当 CMC 用量达到 20mg/L 时，萤石的回收率由 79.5% 降至 18.06% 左右，不再随 CMC 用量增加而下降，高于同样 CMC 用量下萤石单矿物浮选的回收率（2.55%），这可能是氟碳铈矿溶解的 Ce^{3+} 金属离子吸附在萤石表面，对萤石浮选产生活化作用，从而降低了 CMC 的选择性；氟碳铈矿的回收率则由 85.5% 降至 52.94%，与同样 CMC 用量下氟碳铈矿单矿物浮选的回收率（48.47%）相近，结果表明，CMC 可消除氟碳铈矿和萤石混合矿浮选分离时萤石对氟碳铈矿上浮的不利影响。

由图 5.16(b) 可知，随着 CMC 浓度的增加，氟碳铈矿精矿中 REO 品位由
36.9% 上升至 53.1%，精矿中萤石含量由 48.18% 下降至 25.43%，分离系数由
1.23 上升到 2.77。结果表明，CMC 作氟碳铈矿和萤石混合矿浮选分离抑制剂时，
分离效果较好。

5.3.1.4 EDTA 对氟碳铈矿和萤石 1:1 混合矿浮选分离的影响

当捕收剂 OHA 浓度为 1×10^{-4} mol/L、浮选 pH 值为 9.5 时，考查了抑制剂
EDTA 用量对氟碳铈矿和萤石人工混合矿浮选分离效果的影响规律，并与抑制剂
EDTA 对单矿物可浮性的影响进行对比，试验结果如图 5.17 所示。

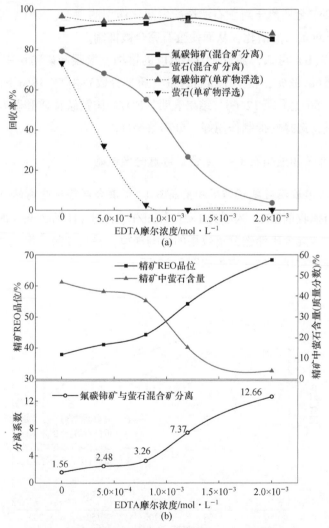

图 5.17 EDTA 对氟碳铈矿和萤石 1:1 人工混合矿浮选分离效果的影响

(a) 回收率；(b) 分离系数（OHA 浓度 1×10^{-4} mol/L；pH 值为 9.5）

由图 5.17(a) 可知，随着 EDTA 浓度的增加，萤石的浮选回收率持续下降至不浮，而氟碳铈矿的回收率基本不受影响，保持在 90% 左右。当 EDTA 用量达到 $2×10^{-3}$ mol/L 时，萤石的回收率由 79.52% 降至 3.54%，氟碳铈矿的回收率保持在 90% 左右，与同样 EDTA 用量下氟碳铈矿单矿物浮选的回收率（96.43%）相近。结果表明，EDTA 可消除氟碳铈矿和萤石混合矿浮选分离时萤石对氟碳铈矿上浮的不利影响。试验显示，萤石单矿物浮选时，EDTA 用量为 $8×10^{-4}$ mol/L 时，即可实现对萤石的完全抑制，而氟碳铈矿和萤石混合矿分离时，需要更高的 EDTA 用量（$2×10^{-3}$ mol/L）才能实现对萤石的完全抑制，试验结果印证了氟碳铈矿溶解的 Ce^{3+} 金属离子对萤石浮选产生活化作用的理论，EDTA 可以有效消除 Ce^{3+} 金属离子对萤石的活化，从而使萤石完全被抑制。

由图 5.17(b) 可知，随着 EDTA 浓度的增加，氟碳铈矿精矿中 REO 品位由 36.9% 上升至 68.38%，精矿中萤石含量（质量分数）由 48.18% 下降至 3.97%，分离系数由 1.56 上升至 12.66。结果表明，EDTA 作氟碳铈矿和萤石混合矿浮选分离抑制剂时，选择性抑制作用好，分离效果好。

5.3.2 氟碳铈矿和重晶石 1∶1 混合矿浮选分离试验

5.3.2.1 水玻璃对氟碳铈矿和重晶石 1∶1 混合矿浮选分离的影响

考查了当捕收剂 OHA 浓度为 $1×10^{-4}$ mol/L、浮选 pH 值为 9.5 时，抑制剂水玻璃用量对人工混合矿浮选分离效果的影响规律，并与抑制剂水玻璃对单矿物可浮性的影响进行对比，试验结果如图 5.18 所示。

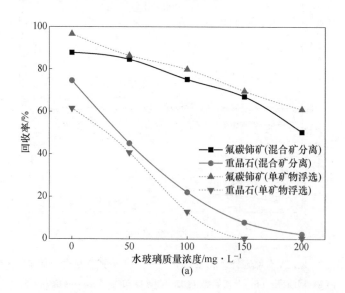

(a)

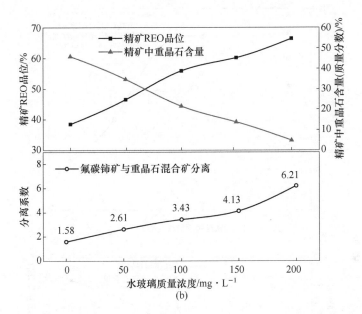

图 5.18　水玻璃对氟碳铈矿和重晶石1∶1人工混合矿浮选分离效果的影响

(a) 回收率; (b) 分离系数 (OHA 浓度 1×10^{-4} mol/L; pH 值为 9.5)

由图 5.18(a) 可知, 随着水玻璃浓度的增加, 氟碳铈矿和重晶石的浮选回收率均持续下降, 水玻璃对重晶石的抑制作用更强。当水玻璃用量达到 200mg/L 时, 混合矿浮选中重晶石的回收率由 74.87% 降至 2.57%, 略高于相同水玻璃用量下重晶石单矿物浮选的回收率, 这可能是氟碳铈矿溶解的 Ce^{3+} 金属离子吸附在重晶石表面, 对重晶石浮选产生活化作用, 使重晶石表面具有了一定的类似氟碳铈矿的性质, 从而降低了水玻璃的选择性, 此试验结果与 Ce^{3+} 金属离子活化重晶石浮选结果相一致; 氟碳铈矿的回收率则由 85.5% 降至 50.43%, 略低于同样水玻璃用量下氟碳铈矿单矿物浮选的回收率 (61.22%), 分析认为可能是浮选重晶石溶解的 Ba^{2+} 和水玻璃共同作用所致, 水玻璃无法消除氟碳铈矿和重晶石混合矿浮选分离时重晶石对氟碳铈矿上浮的不利影响。

由图 5.18(b) 可知, 随着水玻璃浓度的增加, 氟碳铈矿精矿中 REO 品位由 38.5% 升高至 66.4%, 精矿中重晶石含量 (质量分数) 由 45.93% 降至 2.57%, 分离系数由 1.58 升高至 6.21。结果表明, 水玻璃作氟碳铈矿和重晶石混合矿浮选分离抑制剂时, 选择性抑制作用较强, 分离效果较好。

5.3.2.2　六偏磷酸钠对氟碳铈矿和重晶石1∶1混合矿浮选分离的影响

当捕收剂 OHA 浓度为 1×10^{-4} mol/L、浮选 pH 值为 9.5 时, 考查了抑制剂六偏磷酸钠用量对氟碳铈矿和重晶石人工混合矿浮选分离效果的影响规律, 并与抑制剂六偏磷酸钠对单矿物可浮性的影响进行对比, 试验结果如图 5.19 所示。

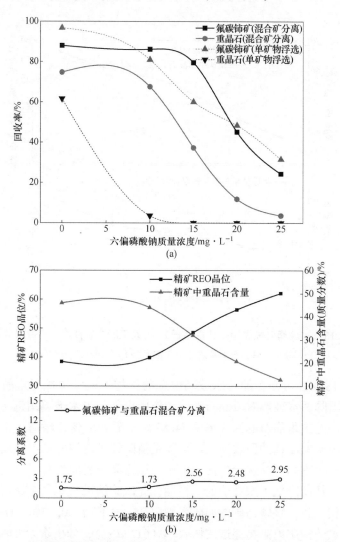

图 5.19   六偏磷酸钠对氟碳铈矿和重晶石 1∶1 人工混合矿浮选分离效果的影响

(a) 回收率；(b) 分离系数（OHA 浓度 $1×10^{-4}$ mol/L；pH 值为 9.5）

　　由图 5.19(a) 可知，随着六偏磷酸钠浓度的增加，氟碳铈矿和重晶石的浮选回收率均持续下降，当六偏磷酸钠用量达到 25mg/L 时，混合矿浮选重晶石的回收率由 74.87% 降至 3.58%，重晶石的浮选受到强烈抑制；而重晶石单矿物浮选时，六偏磷酸钠用量为 10mg/L 时，即可实现对重晶石的完全抑制。这可能是氟碳铈矿和重晶石混合矿物浮选时，氟碳铈矿溶解的 Ce^{3+} 金属离子吸附在重晶石表面，使重晶石表面具有了类似氟碳铈矿的性质，从而对重晶石浮选产生了活化作用，Ce^{3+} 金属离子在重晶石表面的吸附降低了六偏磷酸钠对重晶石的抑制作用和抑制选择性，造成分离效果差。

由图 5.19(b) 可知，随着六偏磷酸钠浓度的增加，氟碳铈矿精矿中 REO 品位由 38.5% 上升到 62.10%，精矿中重晶石含量（质量分数）由 45.93% 降至 3.58%，分离系数由 1.75 上升到 2.95，但氟碳铈矿最终回收率仅为 24.42%。结果表明，六偏磷酸钠作氟碳铈矿和重晶石混合矿浮选分离抑制剂时，选择性抑制作用差，分离效果差。

5.3.2.3 CMC 对氟碳铈矿和重晶石 1∶1 混合矿浮选分离的影响

当捕收剂 OHA 浓度为 1×10^{-4} mol/L、浮选 pH 值为 9.5 时，考查了抑制剂 CMC 用量对氟碳铈矿和重晶石人工混合矿浮选分离效果的影响规律，并与抑制剂 CMC 对单矿物可浮性的影响进行对比，试验结果如图 5.20 所示。

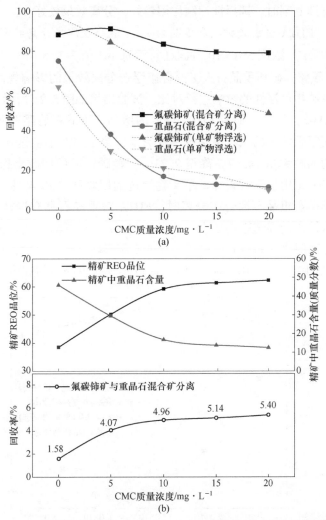

图 5.20 CMC 对氟碳铈矿和重晶石 1∶1 人工混合矿浮选分离效果的影响

(a) 回收率；(b) 分离系数（OHA 浓度 1×10^{-4} mol/L；pH 值为 9.5）

由图 5.20(a) 可知，随着 CMC 浓度的增加，重晶石的浮选回收率持续下降，氟碳铈矿保持较好的可浮性。当 CMC 用量达到 20mg/L 时，重晶石的回收率由 74.87% 降至 11.26% 左右，氟碳铈矿的回收率则由 88.31% 降至 78.74%，高于同样 CMC 用量下氟碳铈矿单矿物浮选的回收率（48.47%），分析认为可能是 CMC 在重晶石表面吸附能力较强，吸附量较多，而在氟碳铈矿表面吸附能力较弱，吸附量较少，从而抑制较弱所致。

由图 5.20(b) 可知，随着 CMC 浓度的增加，氟碳铈矿精矿中 REO 品位由 38.5% 上升至 62.3%，精矿中重晶石含量（质量分数）由 45.93% 下降至 12.51%，分离系数由 1.58 上升 5.40。结果表明，CMC 作氟碳铈矿和重晶石混合矿浮选分离抑制剂时，选择性抑制作用较好，分离效果较好。

5.3.2.4 EDTA 对氟碳铈矿和重晶石 1∶1 混合矿浮选分离的影响

当捕收剂 OHA 浓度为 $1×10^{-4}$mol/L、浮选 pH 值为 9.5 时，考查了抑制剂 EDTA 用量对氟碳铈矿和重晶石人工混合矿浮选分离效果的影响规律，并与抑制剂 EDTA 对单矿物可浮性的影响进行对比，试验结果如图 5.21 所示。

由图 5.21(a) 可知，随着 EDTA 浓度的增加，重晶石的浮选回收率持续下降至不浮，而氟碳铈矿的回收率基本不受影响，当 EDTA 用量达到 $8×10^{-4}$mol/L 时，重晶石的回收率由 74.87% 降至 2.73%，氟碳铈矿的回收率保持在 90% 左右，与同样 EDTA 用量下氟碳铈矿单矿物浮选的回收率（96.43%）相近。结果表明，氟碳铈矿和重晶石混合矿分离时，EDTA 对重晶石具有选择性抑制作用，重晶石对氟碳铈矿的浮选影响较小。结果表明，EDTA 可消除氟碳铈矿和重晶石混合矿浮选分离时重晶石对氟碳铈矿上浮的不利影响。试验显示，重晶石单矿物浮选时，EDTA 用量为 $4×10^{-4}$mol/L 时，即可实现对重晶石的完全抑制，而氟碳

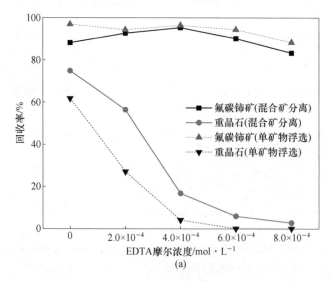

(a)

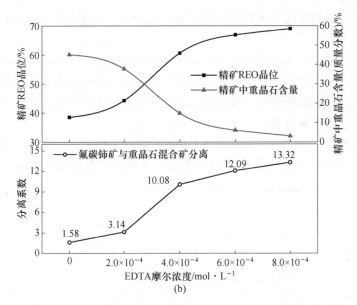

图 5.21　EDTA 对氟碳铈矿和重晶石 1∶1 人工混合矿浮选分离效果的影响

(a) 回收率；(b) 分离系数（OHA 浓度 $1×10^{-4}$ mol/L；pH 值为 9.5）

铈矿和重晶石混合矿分离时，需要更高的 EDTA 用量（$8×10^{-4}$ mol/L）才能实现对重晶石的完全抑制，试验结果印证了氟碳铈矿溶解的 Ce^{3+} 金属离子对重晶石浮选产生活化作用的理论，EDTA 可以有效消除 Ce^{3+} 金属离子对重晶石的活化，从而使重晶石完全被抑制。

由图 5.21(b) 可知，随着 EDTA 浓度的增加，氟碳铈矿精矿中 REO 品位由 38.5% 上升至 68.95%，精矿中重晶石含量（质量分数）由 45.93% 下降至 3.17%，分离系数由 1.58 上升 13.32。结果表明，EDTA 作氟碳铈矿和重晶石混合矿浮选分离抑制剂时，选择性抑制作用好，分离效果好。

5.4　本章小结

本章通过单矿物浮选试验和混合矿分离试验研究，考查了硅酸盐类（水玻璃）、磷酸盐类（六偏磷酸钠/焦磷酸钠/三聚磷酸钠/磷酸三钠）等无机抑制剂和小分子（柠檬酸/酒石酸/EDTA/草酸）、高分子（淀粉/瓜尔胶/CMC）等有机抑制剂对稀土矿物（氟碳铈矿）和含钙、钡盐类脉石矿物（萤石、重晶石）的抑制性能。得到以下结论：

（1）OHA 作捕收剂时，水玻璃和六偏磷酸钠对萤石、重晶石表现出强烈的抑制作用，而对氟碳铈矿抑制作用较弱，可作为氟碳铈矿与含钙、钡盐类脉石矿物混合矿物分离试验抑制剂。氟硅酸钠、焦磷酸钠、磷酸三钠和三聚磷酸对氟碳铈矿均有较强抑制作用，不可作为氟碳铈矿与含钙、钡盐类脉石矿物混合矿物分离试验抑制剂。

（2）EDTA 和 CMC 对萤石、重晶石表现出强烈的抑制作用，对氟碳铈矿基本没有抑制作用，可作为氟碳铈矿与萤石、重晶石混合矿物分离试验抑制剂。柠檬酸、草酸、酒石酸和淀粉、瓜尔胶对氟碳铈矿有一定的抑制作用，不利于氟碳铈矿与盐类脉石矿物分离。

（3）氟碳铈矿和萤石、重晶石 1∶1 二元混合矿物浮选分离时，水玻璃对重晶石的选择性抑制作用较好，EDTA 对萤石、重晶石选择性抑制作用较好。

6 难免金属离子对氟碳铈矿和钙钡脉石矿物浮选的交互影响

由于氟碳铈矿和萤石都属于半可溶性盐类矿物，浮选过程中矿物溶解造成矿浆中存在大量 Ce^{3+} 金属离子和 Ca^{2+} 金属离子。本章考察了 Ce^{3+}、Ca^{2+} 难免金属离子对氟碳铈矿和钙钡脉石矿物萤石、重晶石浮选的交互影响作用机制，络合抑制剂柠檬酸和 EDTA 对金属离子交互影响的氟碳铈矿、萤石及重晶石浮选行为的调控作用。

6.1 Ce^{3+} 对钙钡脉石矿物浮选的影响与调控

本节通过浮选实验，结合溶液组分计算、Zeta 电位测试、XPS 测试与傅里叶红外光谱（FTIR）分析，考查了 Ce^{3+} 对钙钡脉石矿物浮选的影响，研究了络合调整剂柠檬酸、EDTA、酒石酸对 Ce^{3+} 活化后的萤石、重晶石浮选行为的调控机制。

6.1.1 Ce^{3+} 对萤石与重晶石浮选的影响规律

6.1.1.1 Ce^{3+} 对萤石浮选的影响规律

当捕收剂 OHA 浓度为 5×10^{-5} mol/L 时，考查了不同 Ce^{3+} 浓度对萤石浮选回收率的影响。由图 6.1 可知，随 pH 值增大，萤石浮选回收率先增大后降低，在 pH 值为 9.5 时，萤石浮选回收率达到最大值。当 Ce^{3+} 浓度为 5×10^{-5} mol/L 时，萤石浮选回收率达到最大值，在碱性 pH 值范围内，Ce^{3+} 明显活化萤石浮选；当 Ce^{3+} 浓度为 2×10^{-4} mol/L 时，萤石浮选回收率有所下降，Ce^{3+} 开始抑制了萤石浮选。同时，萤石在氟碳铈矿的搅拌过滤液中进行浮选，明显受到氟碳铈矿溶解离子的活化作用。以上实验结果表明，矿浆中适量的 Ce^{3+} 对萤石浮选具有活化作用，当 Ce^{3+} 浓度过高时，则会抑制萤石浮选。

6.1.1.2 Ce^{3+} 对重晶石浮选的影响规律

图 6.2 所示为捕收剂 OHA 浓度为 5×10^{-5} mol/L 时，不同 Ce^{3+} 浓度对重晶石浮选回收率的影响。在试验 Ce^{3+} 浓度下，随 pH 值增大，重晶石浮选回收率均先增大后降低，pH 值在 9~12 的范围内，Ce^{3+} 对重晶石浮选具有活化作用。在 pH 值为 9.5 时，当 Ce^{3+} 浓度为 5×10^{-5} mol/L，重晶石浮选回收率达到最大

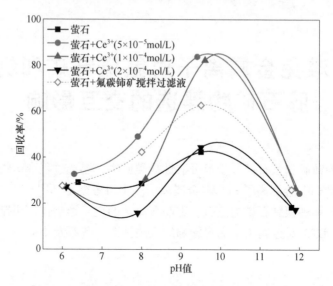

图 6.1 Ce^{3+} 和氟碳铈矿搅拌过滤液对萤石浮选回收率的影响
(OHA 5×10^{-5} mol/L)

值。当 Ce^{3+} 浓度继续增加到 1×10^{-4} mol/L 时，重晶石浮选回收率开始下降。同时，重晶石在氟碳铈矿的搅拌过滤液中进行浮选，同样受到氟碳铈矿溶解离子的活化作用。以上试验结果表明，矿浆中适量的 Ce^{3+} 对重晶石浮选具有活化作用，当 Ce^{3+} 浓度超过一定值后则会对重晶石浮选起到反作用，抑制重晶石浮选。

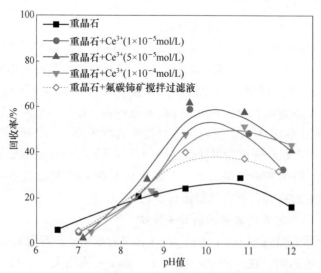

图 6.2 Ce^{3+} 和氟碳铈矿搅拌过滤液对重晶石浮选回收率的影响
(OHA 5×10^{-5} mol/L)

6.1.2 Ce³⁺活化钙钡脉石矿物的机制

6.1.2.1 Ce³⁺溶液组分计算

通过金属离子的溶液化学计算,绘出金属离子在溶液中不同 pH 值下各组分的浓度对数图,分析金属离子在溶液中的存在形式,Ce³⁺溶液存在以下平衡:

$$Ce^{3+} + 3OH^- \Longrightarrow Ce(OH)_3(s)$$

$$K_{sp} = [Ce^{3+}][OH^-]^3 \tag{6.1}$$

当 pH 值不大于 pH_s 值时,Ce³⁺水解反应如下:

$$Ce^{3+} + OH^- \Longrightarrow Ce(OH)^{2+}$$

$$\beta_1 = \frac{[CeOH^{2+}]}{[OH^-][Ce^{3+}]} \tag{6.2}$$

$$Ce^{3+} + 2OH^- \Longrightarrow Ce(OH)_2^+$$

$$\beta_2 = \frac{[Ce(OH)_2^+]}{[Ce^{3+}][OH^-]^2} \tag{6.3}$$

$$Ce^{3+} + 3OH^- \Longrightarrow Ce(OH)_3(aq)$$

$$\beta_3 = \frac{[Ce(OH)_3(aq)]}{[Ce^{3+}][OH^-]^3} \tag{6.4}$$

$$Ce^{3+} + 4OH^- \Longrightarrow Ce(OH)_4^-$$

$$\beta_4 = \frac{[Ce(OH)_4^-]}{[Ce^{3+}][OH^-]^4} \tag{6.5}$$

当 pH 值大于 pH_s 值时,Ce(OH)₃(s) 溶解反应如下:

$$Ce(OH)_3(s) \Longrightarrow Ce^{3+} + 3OH^-$$

$$K_{s0} = [Ce^{3+}][OH^-]^3 \tag{6.6}$$

$$Ce(OH)_3(s) \Longrightarrow CeOH^{2+} + 2OH^-$$

$$K_{s1} = [CeOH^{2+}][OH^-]^2 = \beta_1 \times K_{s0} \tag{6.7}$$

$$Ce(OH)_3(s) \Longrightarrow Ce(OH)_2^+ + OH^-$$

$$K_{s2} = [Ce(OH)_2^+][OH^-] = \beta_2 \times K_{s0} \tag{6.8}$$

$$Ce(OH)_3(s) \Longrightarrow Ce(OH)_3(aq)$$

$$K_{s3} = [Ce(OH)_3(aq)] = \beta_3 \times K_{s0} \tag{6.9}$$

$$Ce(OH)_3(s) + OH^- \Longrightarrow Ce(OH)_4^-$$

$$K_{s4} = \frac{[Ce(OH)_4^-]}{[OH^-]} = \beta_4 \times K_{s0} \tag{6.10}$$

矿浆中 Ce³⁺浓度为 5×10^{-5} mol/L 时的计算公式见式(6.1)~式(6.10),Ce³⁺水解反应组分 lg$C$-pH 值组分,如图 6.3 所示。结合 Ce³⁺活化后萤石、重晶石浮选行为分析可知, 在 pH 值为 $6 \sim 7$ 时, 矿浆中 Ce 组分主要以 Ce^{3+} 存在, 此时萤石、重晶石受到活化作用较弱; 在 pH 值为 $11 \sim 12$ 时, 矿浆中 Ce 主要以 $Ce(OH)_3(s)$ 存在, 此时萤石、重晶石受到活化作用也较弱; 而在 pH 值为 $7 \sim 11$ 范围内, 羟基络合物 $CeOH^{2+}$、$Ce(OH)_2^+$ 含量较大, 在此 pH 值范围内萤石、重晶石浮选受到强烈活化。结合辛基羟肟酸 OHA 优势组分图分析可知, 羟基络合物 $CeOH^{2+}$、$Ce(OH)_2^+$ 是活化萤石和重晶石浮选的主要组分。

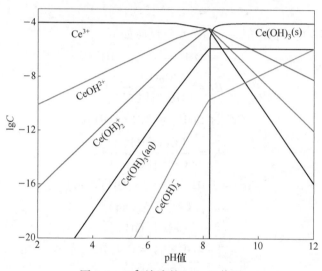

图 6.3 Ce^{3+} 溶液的 lg$C$-pH 值图

(Ce^{3+} 为 5×10^{-5} mol/L)

6.1.2.2 Ce^{3+} 活化前后萤石、重晶石 Zeta 电位变化规律

图 6.4(a) 所示为 Ce^{3+} 浓度对萤石 Zeta 电位的影响。溶液中不添加 Ce^{3+} 时, 萤石 Zeta 电位随 pH 值升高而降低, 等电点 pH 值为 7.2; 溶液中添加 Ce^{3+} 时, 萤石 Zeta 电位整体向正值方向偏移, 等电点由 pH 值为 7.2 升高至 10.2 (Ce^{3+} 浓度达到 5×10^{-5} mol/L 时), 在酸性 pH 值条件下, 萤石表面 Zeta 电位正移幅度小, 说明 Ce^{3+} 在萤石表面吸附较少, 弱碱性 pH 值范围内, 萤石表面 Zeta 电位正移幅度大, 结合 Ce^{3+} 水解反应组分 lg$C$-pH 值图分析可知, $CeOH^{2+}$、$Ce(OH)_2^+$ 大量吸附在萤石表面, 增加萤石表面正电性。Ce^{3+} 浓度越大, 萤石 Zeta 电位正移幅度越大; 随着 Ce^{3+} 浓度的增大 (Ce^{3+} 浓度达到 5×10^{-4} mol/L), 萤石 Zeta 电位趋于达到最大值, 说明 Ce^{3+} 或 $CeOH^{2+}$、$Ce(OH)_2^+$ 在萤石表面趋于饱和吸附。

图 6.4(b) 所示为 Ce^{3+} 和 OHA 先后作用对萤石 Zeta 电位的影响。萤石与 OHA 作用后动电位整体向负值方向偏移, 等电点由 pH 值为 7.2 降低至 pH 值为 5.6, 说明带负电荷的 OHA 根离子吸附在萤石表面, 增加萤石表面负电性; 当矿浆中依次

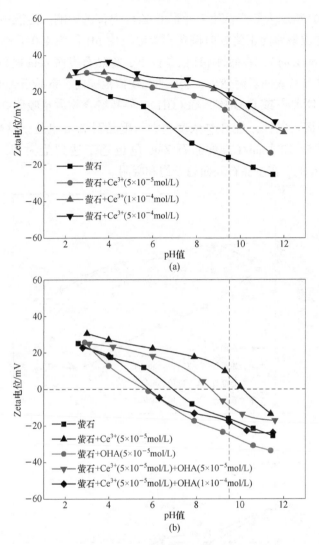

图 6.4 Ce³⁺、OHA 作用前后萤石 Zeta 电位变化

(a) 萤石+Ce³⁺；(b) 萤石+Ce³⁺+OHA

加入 Ce³⁺和同样浓度的 OHA（5×10^{-5} mol/L）时，萤石动电位比在矿浆中只加入 Ce³⁺时向负值方向偏移，且偏移程度（pH 值为 9.5，16.1eV）大于只加入 OHA 时萤石 Zeta 电位偏移的程度（pH 值为 9.5，8.6eV），表明加入 Ce³⁺后再加入 OHA，OHA 在萤石表面吸附更多。Ce³⁺在萤石表面的吸附，增强了萤石表面对 OHA 的吸附能力。结合图 6.4(a) 和 Ce³⁺存在时萤石浮选行为分析可知，Ce³⁺或者 CeOH²⁺、Ce(OH)₂⁺ 羟基络合物吸附在萤石表面后增强阴离子捕收剂 OHA 在萤石表面的静电吸附力，强化 OHA 在萤石表面的吸附，达到活化的效果。

图 6.5(a) 所示为 Ce^{3+} 浓度对重晶石 Zeta 电位的影响。溶液中添加 Ce^{3+} 时,重晶石 Zeta 电位整体向正值方向偏移,等电点由 pH 值为 4.0 升高至 9.4(Ce^{3+} 浓度 $5×10^{-5}$mol/L 时),在酸性 pH 值条件下,重晶石表面 Zeta 电位正移幅度小,说明 Ce^{3+} 在重晶石表面吸附较少,弱碱性 pH 值范围内,重晶石表面 Zeta 电位正移幅度大,说明 Ce^{3+} 或 $CeOH^{2+}$、$Ce(OH)_2^+$ 羟基络合物大量吸附在重晶石表面,增加重晶石表面正电性;且 Ce^{3+} 浓度越大,重晶石 Zeta 电位正移幅度越大;当 Ce^{3+} 浓度达到 $5×10^{-4}$mol/L,重晶石 Zeta 电位趋于达到最大值,说明 Ce^{3+} 或 $CeOH^{2+}$、$Ce(OH)_2^+$ 在重晶石表面趋于饱和吸附。

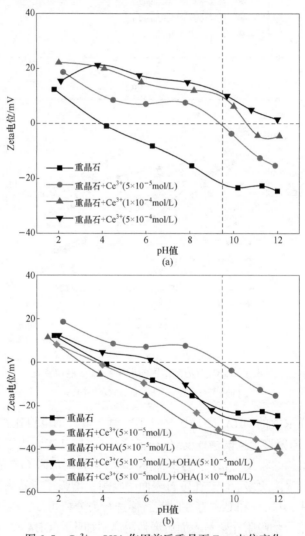

图 6.5 Ce^{3+}、OHA 作用前后重晶石 Zeta 电位变化

(a) 重晶石+Ce^{3+};(b) 重晶石+Ce^{3+}+OHA

图 6.5(b) 所示为 Ce^{3+} 和 OHA 先后作用对重晶石 Zeta 电位的影响。重晶石与 OHA 作用后动电位整体向负值方向偏移，等电点由 pH 值为 4.0 降低至 pH 值为 3.1，说明带负电荷的 OHA 根离子吸附在重晶石表面，增加重晶石表面负电性；当依次加入 Ce^{3+} 和同样浓度的 OHA（$5×10^{-5}$ mol/L）时，重晶石动电位比在矿浆中只加入 Ce^{3+} 时向负值方向偏移，且偏移程度（pH 值为 9.5，23.3eV）大于只加入 OHA 时萤石 Zeta 电位偏移的程度（pH 值为 9.5，10.8eV），表明 Ce^{3+} 活化后的重晶石吸附了更多的 OHA。结合 Ce^{3+} 存在时重晶石浮选行为分析可知，Ce^{3+} 或 $CeOH^{2+}$、$Ce(OH)_2^+$ 羟基络合物吸附在重晶石表面后增强阴离子捕收剂 OHA 在重晶石表面的静电吸附力，强化 OHA 在重晶石表面的吸附，达到活化的效果。

6.1.2.3 Ce³⁺活化前后萤石、重晶石 XPS 分析

为进一步分析 Ce^{3+} 和 OHA 在萤石、重晶石表面作用方式，进行了 Ce^{3+} 和 OHA 与 3 种矿物作用前后的 XPS 能谱检测。

A 萤石、重晶石与 Ce³⁺及 OHA 作用前后的 XPS 全谱

图 6.6 所示为萤石、重晶石与 Ce^{3+} 及 OHA 作用前后的 XPS 能谱。Ce^{3+} 活化后萤石、重晶石表面均出现 Ce 3d XPS 峰，即 Ce^{3+} 在矿物表面发生吸附；矿物直接与 OHA 作用后表面仅出现较弱的 N 1s XPS 峰，矿物经 Ce^{3+} 活化后再与 OHA 作用表面出现较强的 N 1s XPS 峰，表明是 Ce^{3+} 在矿物表面的吸附增强了 OHA 在矿物表面的吸附作用。

B 萤石、重晶石与 Ce³⁺及 OHA 作用前后表面相对原子浓度

表 6.1 所示为萤石、重晶石与 Ce^{3+} 及 OHA 作用前后表面相对原子浓度。萤石与 OHA 作用后表面 Ca、F 原子浓度分别降低 5.08%、9.65%，且萤石表面 N 原子浓度从 0 增加到 1.58%，表明 OHA 组分在萤石表面活性质点 Ca 原子和 F 原子上吸附而起到捕收作用；萤石与 Ce^{3+} 作用后表面 Ca 和 F 原子浓度分别降低 8.67% 和 10.85%，且萤石表面 Ce 原子浓度从 0 增加到 3.5%，表明 Ce^{3+} 组分与萤石表面 Ca 和 F 原子相作用而吸附在萤石表面；萤石经 Ce^{3+} 活化再与 OHA 作用后表面 Ca 和 F 原子浓度较萤石与 Ce^{3+} 作用后分别降低 4.6% 和 8.45%，且萤石表面 Ce^{3+} 浓度降至 2.96%，N 原子浓度从 0 增加到 2.17%，表明 OHA 通过与萤石表面 Ca、F、Ce 作用的形式吸附在萤石表面；此时萤石表面的 N 原子浓度（2.17%）大于萤石与 OHA 直接作用后的表面 N 原子浓度（1.58%），结果表明，Ce^{3+} 在萤石表面的吸附增加了 OHA 在萤石表面的吸附量，从而活化了萤石浮选，这与浮选试验结果、Zeta 电位测试结果相一致。

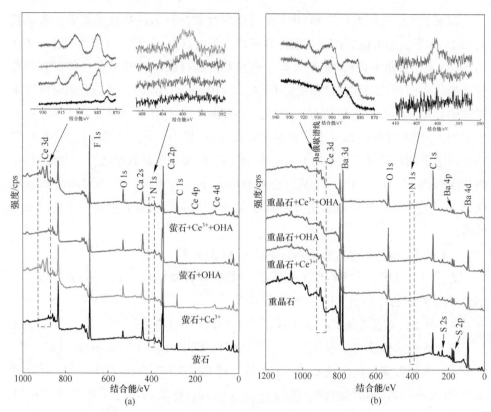

图6.6 萤石、重晶石与 Ce³⁺ 及 OHA 作用前后 XPS 全谱

（a）萤石；（b）重晶石

表6.1 萤石、重晶石与 Ce³⁺ 及 OHA 作用前后表面相对原子浓度

样品	原子浓度/%					
	Ca 2p	F 1s	C 1s	O 1s	Ce 3d	N 1s
萤石	34.47	46.76	13.04	5.73	—	—
萤石+OHA	29.39	37.11	23.81	8.11		1.58
萤石+Ce³⁺	25.8	35.91	24.48	10.3	3.5	—
萤石+Ce³⁺+OHA	21.2	27.46	33.95	12.27	2.96	2.17

样品	原子浓度/%					
	Ba 3d	S 1s	C 1s	O 1s	Ce 3d	N 1s
重晶石	9.95	13.09	42.6	34.36		
重晶石+OHA	6.11	7.46	60.63	25.25		0.55
重晶石+Ce³⁺	4.9	6.54	62.82	23.8	1.93	
重晶石+Ce³⁺+OHA	2.67	3.43	74.1	17.24	1.61	0.96

重晶石与OHA作用后表面Ba、O原子浓度分别降低3.84%、9.11%，且重晶石表面N原子浓度从0增加到0.55%，表明OHA组分在重晶石表面活性质点Ba原子和O原子上吸附而起到捕收作用；重晶石与Ce^{3+}作用的表面Ba和O原子浓度分别降低5.05%和10.65%，且重晶石表面Ce原子浓度从0增加到1.93%，表明Ce^{3+}组分与重晶石表面Ba和O原子相作用而吸附在重晶石表面；重晶石经Ce^{3+}活化后与OHA作用的表面Ba和O原子浓度较重晶石与Ce^{3+}作用后分别降低2.23%和6.56%，且重晶石表面Ce^{3+}降至1.61%，N原子浓度从0.55%增加到0.96%，表明OHA通过与重晶石表面Ba、O、Ce作用的形式吸附在重晶石表面；此时重晶石表面的N原子浓度（0.96%）大于重晶石与OHA直接作用后的表面N原子浓度（0.55%），结果表明Ce^{3+}在重晶石表面的吸附增加了OHA在重晶石表面的吸附量，从而活化了重晶石浮选，这与浮选试验结果、Zeta电位测试结果相一致。

C 萤石、重晶石与Ce^{3+}及OHA作用前后的Ce 3d高分辨谱

图6.7所示为萤石、重晶石与Ce^{3+}及OHA作用前后的Ce 3d高分辨谱。对Ce^{3+}及OHA作用前后萤石、重晶石表面Ce 3d峰进行分峰拟合，由拟合结果可知，萤石、重晶石与Ce^{3+}及OHA作用前后表面Ce 3d峰同时存在Ce（Ⅲ）3d峰、Ce（Ⅳ）3d峰，且Ce^{3+}活化后的萤石、重晶石与OHA作用时，Ce（Ⅲ）3d峰和Ce（Ⅳ）3d峰强度发生变化，结合能发生位移。

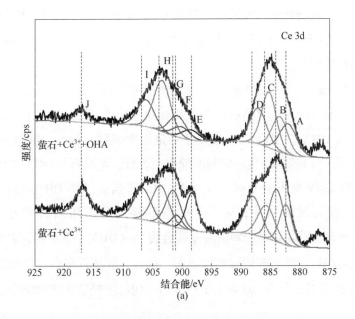

(a)

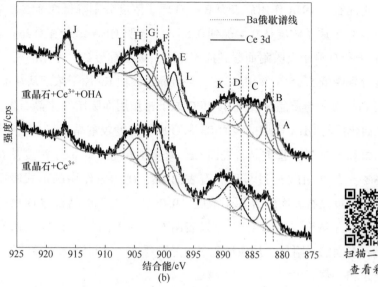

图 6.7 萤石、重晶石与 Ce^{3+} 及 OHA 作用前后的 Ce 3d XPS 高分辨谱
(a) 萤石；(b) 重晶石

D 萤石、重晶石与 Ce^{3+} 及 OHA 作用前后的 Ca 2p、Ba 3d 高分辨谱

图 6.8 所示为萤石、重晶石与 Ce^{3+} 及 OHA 作用前后的 Ca 2p、Ba 3d 高分辨谱，对 Ce^{3+} 及 OHA 作用前后萤石、重晶石的 Ca 2p 或 Ba 3d 峰进行分峰拟合。如图 6.8(a) 所示萤石在 351.43eV、347.87eV 处峰分别为 $2p_{1/2}$ 峰和 $2p_{3/2}$ 峰，如图 6.8(b) 所示重晶石在 795.72eV、780.47eV 处峰分别为 Ba 3d 轨道中 $3d_{3/2}$ 和 $3d_{5/2}$ 峰。从图中可知，萤石、重晶石与 Ce^{3+} 及 OHA 作用后 Ca 2p、Ba 3d 结合能均发生不同程度偏移。

E 萤石、重晶石与 Ce^{3+} 及 OHA 作用前后的 F 1s、O 1s 高分辨谱

图 6.9 所示为萤石、重晶石与 Ce^{3+} 及 OHA 作用前后的 F 1s、O 1s 高分辨谱。萤石与 Ce^{3+} 及 OHA 作用后 F 1s 峰发生一定程度偏移，萤石、重晶石与 Ce^{3+} 及 OHA 作用前后 O 1s 峰均发生一定程度偏移。萤石、重晶石与 OHA 作用后分别在 532.62eV、33.13eV 处出现新峰，该峰为 OHA 药剂分子中-OH 官能团峰，说明 OHA 在矿物表面发生吸附；萤石、重晶石与 Ce^{3+} 作用后分别在 529.16eV、529.67eV 处出现新峰，该峰为铈的羟基络合物 $Ce-(OH)_m^{n+}$ 中 O 峰，表明，Ce^{3+} 以水解组分 $Ce-(OH)_m^{n+}$ 形式吸附在矿物表面，萤石、重晶石与 Ce^{3+} 及 OHA 作用后，矿物表面 OHA 药剂分子中-OH 官能团峰和 $Ce-(OH)_m^{n+}$ 羟基络合物峰同时存在。

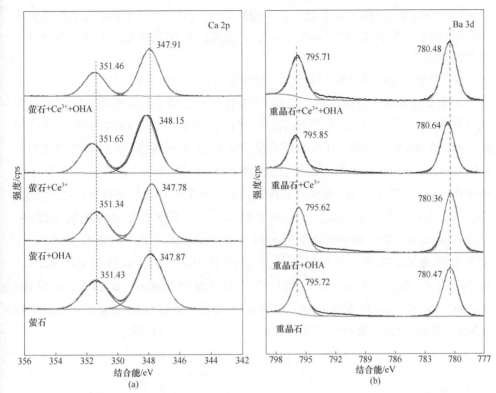

图 6.8　萤石、重晶石与 Ce³⁺ 及 OHA 作用前后的 Ca 2p、Ba 3d XPS 高分辨谱
（a）萤石；（b）重晶石

F　萤石、重晶石与 Ce³⁺ 及 OHA 作用前后的 N 1s 高分辨谱

图 6.10 所示为萤石、重晶石与 Ce³⁺ 及 OHA 作用前后的 N 1s 高分辨谱。由图 6.10（a）可知，萤石与 OHA 作用、萤石与 Ce³⁺ 及 OHA 作用后矿物表面均出现 N 1s 峰，但萤石与 Ce³⁺ 及 OHA 作用后 N 1s 较强，表明 Ce³⁺ 及活化后的萤石吸附了更多的 OHA，这与表 6.1 结果相一致；萤石与 OHA 作用后矿物表面 N 1s 可分峰拟合为 400.2eV 和 398.5eV，萤石与 Ce³⁺ 及 OHA 作用后矿物表面 N 1s 可分峰拟合为 400.6eV、398.9eV 两处峰；其中 400.2eV 和 400.6eV 处峰归属为 OHA 分子 R—CO—NH—OH，398.5eV 和 398.9eV 处峰去质子后的 OHA 阴离子 R—CO—NH—O—，即分别代表 OHA 在萤石表面发生物理吸附和化学吸附。

由图 6.10（b）可知，重晶石与 OHA 作用、重晶石与 Ce³⁺ 及 OHA 作用后矿物表面均出现 N 1s 峰，但重晶石与 Ce³⁺ 及 OHA 作用后 N 1s 较强，表明 Ce³⁺ 及活化后的重晶石吸附了更多的 OHA，这与表 6.1 结果相一致；重晶石与 OHA 作用矿物表面 N 1s 可分峰拟合为 400.31eV 和 398.79eV，重晶石与 Ce³⁺ 及 OHA 作用后矿物表面 N 1s 可分峰拟合为 401eV、398.9eV 两处峰；其中 400.31eV 和

401eV 处峰归属为 OHA 分子 R—CO—NH—OH，398.79eV 和 398.9eV 处峰去质子后的 OHA 阴离子 R—CO—NH—O—，即分别代表 OHA 在重晶石表面的物理吸附和化学吸附。

G 萤石与 Ce^{3+} 及 OHA 作用前后的表面元素原子轨道结合能

表 6.2 和表 6.3 为萤石与 Ce^{3+} 及 OHA 作用前后的表面元素原子轨道结合能及位移情况。萤石与 OHA 作用后，Ca $2p_{1/2}$ 和 Ca $2p_{3/2}$ 峰结合能分别发生 0.09eV、0.09eV 的偏移，O 1s 峰结合能发生 0.27eV 的偏移，F 1s 峰结合能发生 0.03eV 的偏移，Ca 和 F 元素的结合能偏移均不大于 0.1eV，表明萤石与 OHA 直接作用时，同时存在 OHA 与萤石表面暴露的 F 发生的物理吸附和与 Ca 发生的化学吸附；萤石与 Ce^{3+} 作用后，Ca $2p_{1/2}$ 和 Ca $2p_{3/2}$ 峰结合能分别发生 0.22eV、0.28eV 的偏移，F 1s 峰结合能发生 0.29eV 的偏移，表明 Ce^{3+} 与萤石表面 Ca、F 发生强烈的化学吸附；萤石与 Ce^{3+} 及 OHA 作用后，较萤石仅与 Ce^{3+} 作用时 Ca $2p_{1/2}$、Ca $2p_{3/2}$、F 1s、O 1s 峰结合能分别发生 0.19eV、0.24eV、0.04eV、0.14eV 的偏移，Ce 3d 发生 0.14~0.85eV 的偏移，表明 OHA 在萤石表面发生物理吸附的同时，也与萤石表面存在的 Ca、Ce 发生了化学吸附。

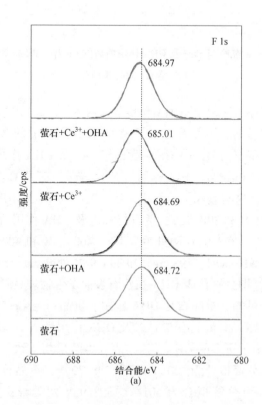

(a)

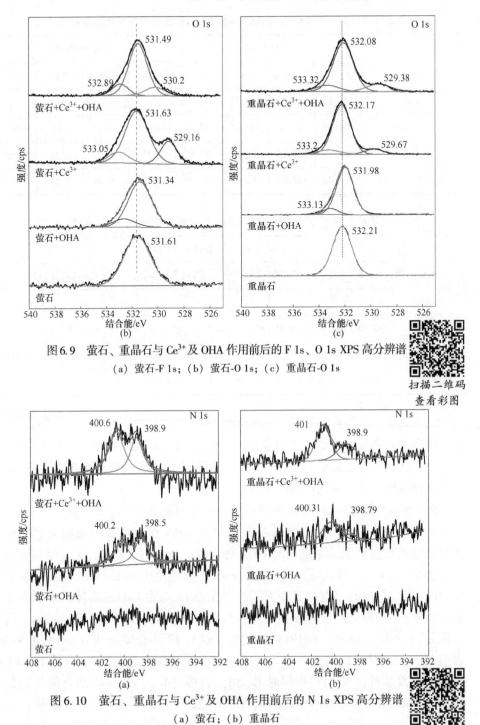

图 6.9 萤石、重晶石与 Ce³⁺及 OHA 作用前后的 F 1s、O 1s XPS 高分辨谱

(a) 萤石-F 1s;(b) 萤石-O 1s;(c) 重晶石-O 1s

扫描二维码
查看彩图

图 6.10 萤石、重晶石与 Ce³⁺及 OHA 作用前后的 N 1s XPS 高分辨谱

(a) 萤石;(b) 重晶石

扫描二维码
查看彩图

表 6.2　萤石与 Ce^{3+} 及 OHA 作用前后的表面元素原子轨道结合能

样品	结合能/eV				化学位移/eV			
	Ca $2p_{1/2}$	Ca $2p_{3/2}$	F 1s	O 1s	Ca $2p_{1/2}$	Ca $2p_{3/2}$	F 1s	O 1s
萤石	351.43	347.87	684.72	531.61	—	—	—	—
萤石+OHA	351.34	347.78	684.69	531.34	-0.09	-0.09	0.03	-0.27
萤石+Ce^{3+}	351.65	348.15	685.01	531.63	0.22	0.28	0.29	0.02
萤石+Ce^{3+}+OHA	351.46	347.91	684.97	531.49	-0.19	-0.24	0.04	-0.14

表 6.3　Ce^{3+} 活化的萤石与 OHA 作用前后表面 Ce 3d 结合能

样品	结合能/eV									
	Ce(Ⅲ) $3d_{5/2}$		Ce(Ⅲ) $3d_{3/2}$		Ce(Ⅳ) $3d_{5/2}$			Ce(Ⅳ) $3d_{3/2}$		
	A	C	F	H	B	D	E	G	I	J
萤石+Ce^{3+}	882.33	885.68	900.91	903.71	883.93	887.94	898.34	901.54	906.77	916.8
萤石+Ce^{3+}+OHA	882	885.23	900.2	903.43	883.41	887.09	898.6	900.83	906.18	917.07
位移	-0.33	-0.45	-0.71	-0.28	-0.52	-0.85	0.26	-0.71	-0.59	0.27

　　结果表明，Ce^{3+} 活化萤石浮选的机制是 Ce^{3+} 作为与 OHA 发生反应的活性位点吸附在萤石表面，增加了萤石表面活性位点数目和表面电性，Ce^{3+} 与 OHA 结合能力更强，萤石表面经 Ce^{3+} 活化后，更有利于羟肟酸捕收剂 OHA 在其表面产生疏水性沉淀，从而对其浮选产生活化。

　　H　重晶石与 Ce^{3+} 及 OHA 作用前后的表面元素原子轨道结合能

　　表 6.4 和表 6.5 所示为重晶石与 Ce^{3+} 及 OHA 作用前后的表面元素原子轨道结合能及位移情况。重晶石与 OHA 作用后，Ba $3d_{3/2}$ 和 Ba $3d_{5/2}$ 峰结合能分别发生 0.13eV、0.11eV 的偏移，O 1s 峰结合能发生 0.23eV 的偏移，重晶石与 OHA 直接作用时，重晶石表面同时存在 OHA 与重晶石表面暴露的 O 原子的物理吸附和与 Ba 的化学吸附；重晶石与 Ce^{3+} 作用后，Ba $3d_{3/2}$ 和 Ba $3d_{5/2}$ 峰结合能分别发生 0.15eV、0.17eV 的偏移，O 1s 峰结合能发生 0.04eV 的偏移，表明 Ce^{3+} 与重晶石表面 Ba、O 位点发生的化学吸附；重晶石与 Ce^{3+} 及 OHA 作用后，较重晶石仅与 Ce^{3+} 作用时 Ba $3d_{3/2}$、Ba $3d_{5/2}$、O 1s 峰结合能分别发生 0.16eV、0.16eV、0.09eV 的偏移，Ce 3d 发生 0.04 ~ 0.64eV 的偏移，表明 OHA 在重晶石表面发生物理吸附的同时，与重晶石表面存在的 Ba、Ce 发生了化学吸附。

表 6.4 Ce³⁺活化的重晶石与 OHA 作用前后表面 Ce 3d 结合能

样品	结合能/eV									
	Ce(Ⅲ) 3d$_{5/2}$		Ce(Ⅲ) 3d$_{3/2}$		Ce(Ⅳ) 3d$_{5/2}$			Ce(Ⅳ) 3d$_{3/2}$		
	A	C	F	H	B	D	E	G	I	J
重晶石+Ce³⁺	881.04	885.4	901.13	904.3	882.51	887.62	898.48	902.69	906.61	916.63
重晶石+Ce³⁺+OHA	880.94	884.79	900.66	903.66	882.05	887.47	898.41	902.65	905.88	916.38
位移	−0.1	−0.61	−0.47	−0.64	−0.46	−0.15	−0.07	−0.04	−0.73	−0.25

表 6.5 重晶石与 Ce³⁺及 OHA 作用前后的表面元素原子轨道结合能

样品	结合能/eV			化学位移/eV		
	Ba 3d$_{3/2}$	Ba 3d$_{5/2}$	O 1s	Ba 3d$_{3/2}$	Ba 3d$_{5/2}$	O 1s
重晶石	795.72	780.47	532.21	—	—	—
重晶石+OHA	795.62	780.36	531.98	−0.1	−0.11	−0.23
重晶石+Ce³⁺	795.85	780.64	532.17	0.13	0.17	−0.04
重晶石+Ce³⁺+OHA	795.71	780.48	532.08	−0.14	−0.16	−0.09

结果表明，Ce³⁺活化重晶石浮选的机制是 Ce³⁺作为与 OHA 发生反应的活性位点吸附在重晶石表面，增加了重晶石表面活性位点数目和表面电性，Ce³⁺与 OHA 结合能力更强，重晶石表面经 Ce³⁺活化后，更有利于 OHA 在其表面产生疏水性沉淀，从而对其浮选产生活化。

6.1.2.4 Ce³⁺活化前后萤石、重晶石 FTIR 分析

图 6.11 所示为 OHA 及 OHA 与 Ce³⁺在 pH 值为 9.5 时混合生成的 Ce-OHA 沉淀的红外光谱图。OHA 红外光谱中 1566.19cm⁻¹ 处为—C ＝O 伸缩振动峰，1664.56cm⁻¹、1625.98cm⁻¹ 处为—C ＝N 伸缩振动峰，3257.75cm⁻¹ 处为—N—H 和—O—H 叠加伸缩振动峰，2956.85cm⁻¹、2916.35cm⁻¹、2846.91cm⁻¹ 处为 CH₂—/—CH₃ 伸缩振动峰；Ce-OHA 沉淀红外光谱图中—C ＝O、—C ＝N 伸缩振动峰分别红移至 1525.68cm⁻¹、1600.9cm⁻¹ 处，主要是因为 OHA 与 Ce³⁺络合造成—C ＝O、—C ＝N 双键上电子云密度向 Ce³⁺偏移，使得双键键能减弱。

图 6.12 所示为萤石、萤石直接与 OHA 作用后及萤石被 Ce³⁺活化后再与 OHA 作用的红外光谱。OHA 直接在萤石表面作用时，在 2954.93cm⁻¹、2927.92cm⁻¹、2858.49cm⁻¹ 处出现 CH₂—/—CH₃ 伸缩振动峰，1631.77cm⁻¹ 处出现较弱的—C ＝N 双键伸缩振动峰，且波数发生红移（−32.79cm⁻¹）较小，同时 3257.75cm⁻¹ 处—N—H 和—O—H 叠加伸缩振动峰没有出现，说明 OHA 在萤石表面吸附较弱，以物理吸附为主；OHA 在 Ce³⁺活化后萤石表面作用时，CH₂—/—CH₃ 伸缩振动峰明显增强，出现较强的—C ＝O（1516.04cm⁻¹ 处）和—C ＝N

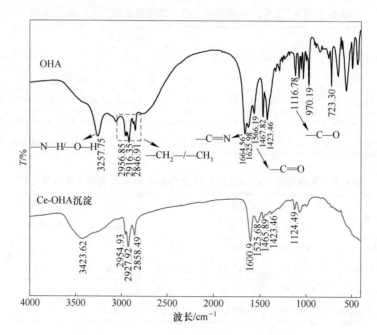

图 6.11 OHA 及 Ce-OHA 沉淀的红外光谱

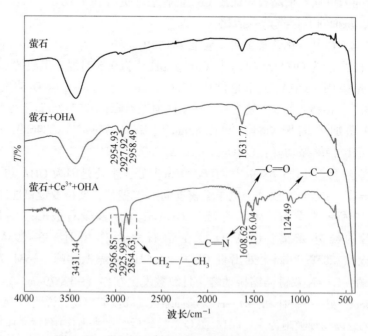

图 6.12 萤石与 Ce³⁺ 及 OHA 作用前后的红外光谱

（1608.62cm⁻¹ 处）伸缩振动峰，且—C≡N 伸缩振动峰红移波数（55.94cm⁻¹）大于 OHA 直接在萤石表面作用时的红移波数（−32.79cm⁻¹），同时 3257.75cm⁻¹ 处—N—H 和—O—H 叠加伸缩振动峰没有出现，说明 OHA 在 Ce³⁺活化后萤石表面发生了强烈的化学吸附。红外光谱检测结果与浮选实验、Zeta 电位及 XPS 研究结果相一致。

同时，Ce-OHA 络合沉淀物在 1525.68cm⁻¹ 和 1600.9cm⁻¹ 处震动峰分别为—C≡O 和—C≡N 伸缩振动峰，与 OHA 和 Ce³⁺活化后萤石作用的红外光谱—C≡O 和—C≡N 伸缩振动峰位一致，说明 OHA 与吸附在萤石表面的 Ce³⁺发生反应产生牢固的疏水性沉淀是 Ce³⁺活化萤石的主要原因。

图 6.13 所示为重晶石、重晶石直接与 OHA 作用后及重晶石被 Ce³⁺活化后再与 OHA 作用的红外光谱。重晶石的红外光谱图在 1082～1178 左右及 610～635 左右峰为重晶石 SO_4^{2-} 特征振动峰；OHA 直接在重晶石表面作用时，在 2958.78cm⁻¹、2925.99cm⁻¹、2856.56cm⁻¹ 处出现 CH_2—/—CH_3 伸缩振动峰，1624.05cm⁻¹ 处出现较弱的—C≡N 双键伸缩振动峰，且波数发生红移（−40.51cm⁻¹）较小，同时 3257.75cm⁻¹ 处—N—H 和 O—H 叠加伸缩振动峰消失，说明 OHA 在重晶石表面化学吸附较弱，以物理吸附为主；OHA 与 Ce³⁺活化后重晶石作用时，重晶石表面 CH_2—/—CH_3 伸缩振动峰明显增强，同时出现较强的—C≡O（1531.47cm⁻¹ 处）和—C≡N（1602.83cm⁻¹ 处）伸缩振动峰，—C≡N 伸缩振动峰较辛基羟肟酸 OHA 红移（61.73cm⁻¹），同时 3257.75cm⁻¹ 处—N—H 和

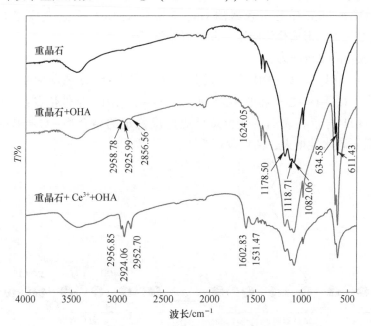

图 6.13　重晶石与 Ce³⁺及 OHA 作用前后的红外光谱

—O—H 叠加伸缩振动峰消失，其红移波数大于 OHA 直接与重晶石作用时的红移波数（-40.51cm⁻¹），且强度更大，说明 OHA 在 Ce³⁺ 活化后重晶石表面产生了较强的化学吸附，增强了 OHA 在重晶石表面的吸附能力，从而活化重晶石浮选，红外光谱检测结果与浮选实验、Zeta 电位及 XPS 测试研究结果相一致。

同时，Ce-OHA 络合沉淀物在 1525.68cm⁻¹ 和 1600.9cm⁻¹ 处振动峰分别为 —C＝O 和—C＝N 伸缩振动峰，与 OHA 与 Ce³⁺ 活化后重晶石作用的红外光谱 —C＝O 和—C＝N 伸缩振动峰位一致，说明 OHA 与吸附在重晶石表面的 Ce³⁺ 发生反应产生牢固的疏水性沉淀是 Ce³⁺ 活化重晶石的主要原因。

6.1.2.5 Ce³⁺活化萤石、重晶石的吸附模型

根据 XPS、FTIR 测试与分析，可预测 OHA 在 Ce³⁺ 活化前后的萤石表面吸附过程如图 6.14 和图 6.15 所示。OHA 直接与萤石作用时，存在两种吸附方式（图 6.14）：

（1）OHA 分子与萤石表面暴露的 F 以 H 键形式形成物理吸附；

（2）OHA 与萤石表面暴露的 Ca 生成络合物—C—O—Ca—N—形成化学吸附；此时以物理吸附为主。

OHA 与经 Ce³⁺ 活化的萤石作用时，存在三种吸附方式（图 6.15）：

（1）OHA 分子与萤石表面暴露的 F 以 H 键形式形成物理吸附；

（2）OHA 与萤石表面暴露的 Ca 反应生成络合物沉淀—C—O—Ca—N—形成化学吸附；

（3）OHA 与萤石表面暴露的 Ca、F 吸附的 Ce³⁺ 反应生成络合物沉淀 —C—O—Ce—N—形成化学吸附，此时以化学吸附为主。

化学吸附活化过程为：

（1）Ce(OH)₂⁺、Ce(OH)²⁺ 与萤石表面 Ca²⁺ 和 F⁻ 分别反应生成 Ca—O—Ce(OH)²⁺、Ca—O—Ce³⁺ 和 F—Ce(OH)₂、F—Ce(OH)⁺ 活性位点；

（2）OHA 与萤石表面活性位点反应生成稳定的络合物—C＝O—Ce—O—N—，使萤石疏水性增大，活化萤石浮选。

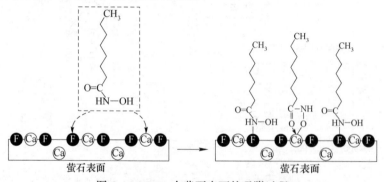

图 6.14 OHA 在萤石表面的吸附过程

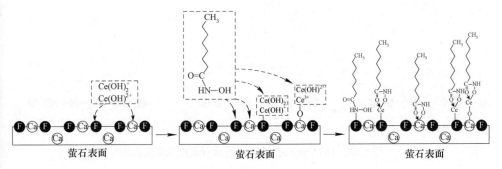

图 6.15 OHA 在 Ce^{3+}活化后萤石表面的吸附过程

根据上述检测与分析，可预测 OHA 在 Ce^{3+}活化前后的重晶石表面吸附过程如图 6.16 和图 6.17 所示。OHA 直接与重晶石作用时，存在两种吸附方式（图 6.16）：

（1）OHA 分子与重晶石表面暴露的 O 以 H 键形式形成物理吸附；

（2）OHA 与重晶石表面暴露的 Ba 生成络合物—C—O—Ba—N—形成化学吸附；此时以物理吸附为主。

OHA 与经 Ce^{3+}活化的重晶石作用时，存在三种吸附方式（图 6.17）：

（1）OHA 分子与重晶石表面暴露的 O 以 H 键形式形成物理吸附；

（2）OHA 与重晶石表面暴露的 Ba 反应生成络合物沉淀—C—O—Ba—N—形成化学吸附；

（3）OHA 与重晶石表面暴露的 Ba、O 吸附的 Ce^{3+}反应生产络合物沉淀—C—O—Ce—N—形成化学吸附；此时以化学吸附为主。

其活化过程为：

（1）Ce(OH)$_2^+$、Ce(OH)$^{2+}$与重晶石表面 Ba^{2+}和 O^{2-}反应生成 Ba—O—Ce(OH)$^{2+}$、Ba—O—Ce^{3+}或 O—Ce(OH)$_2$、O—Ce(OH)$^+$活性位点；

（2）OHA 与重晶石表面活性位点反应生成稳定的络合物—C＝O—Ce—O—N—，使重晶石疏水性增大，活化重晶石浮选。

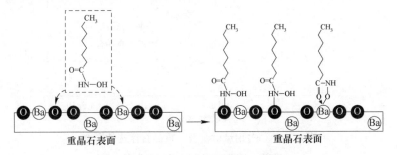

图 6.16 OHA 在重晶石表面的吸附过程

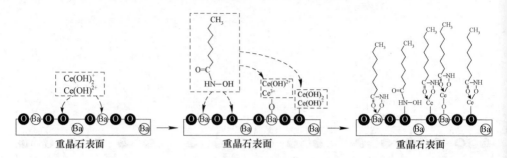

图 6.17 OHA 在 Ce^{3+} 活化后重晶石表面的吸附过程

6.1.3 络合调整剂对 Ce^{3+} 活化钙钡脉石矿物的去活化作用

根据以上研究结果可知，Ce^{3+} 可吸附萤石、重晶石的表面，使其出现类似于氟碳铈矿的表面性质，从而对萤石、重晶石的浮选起到活化作用，这不利于氟碳铈矿与萤石、重晶石等盐类脉石矿物的浮选分离。因此，为除去 Ce^{3+} 对萤石、重晶石的活化作用，考查了络合调整剂柠檬酸、EDTA、酒石酸对 Ce^{3+} 活化后的萤石、重晶石浮选行为的影响规律。

氟碳铈矿浮选最佳捕收剂 OHA 用量为 $1×10^{-4}$ mol/L，因此，首先考查了 OHA 浓度 $1×10^{-4}$ mol/L，pH 值为 9.5 时，Ce^{3+} 用量对萤石、重晶石浮选的影响，结果如图 6.18 所示。随着 Ce^{3+} 用量的增加，萤石、重晶石浮选回收率逐步增加，当 Ce^{3+} 用量达到 $1.5×10^{-4}$ mol/L 时，萤石、重晶石的浮选回收率均达到 90% 以上。

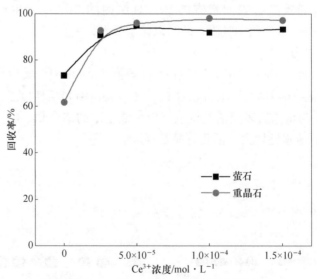

图 6.18 Ce^{3+} 用量对萤石、重晶石浮选的影响

（OHA $1×10^{-4}$ mol/L；pH 值为 9.5）

6.1.3.1 络合调整剂柠檬酸对 Ce³⁺ 活化后的萤石、重晶石浮选行为的影响

图 6.19 所示为络合调整剂柠檬酸对 Ce³⁺ 活化后的萤石、重晶石浮选行为的影响。随着柠檬酸用量的增加，Ce³⁺ 活化后的萤石、重晶石和氟碳铈矿均受到抑制作用，当柠檬酸用量达到 $4×10^{-4}$ mol/L 时，萤石、重晶石浮选回收率分别降为 11.22%、14.80%，此时氟碳铈矿回收率为 61.22%，结果表明，络合调整剂柠檬酸对 Ce³⁺ 活化后的萤石、重晶石抑制效果强，同时对氟碳铈矿抑制作用明显，不可作为去活化络合调整剂。

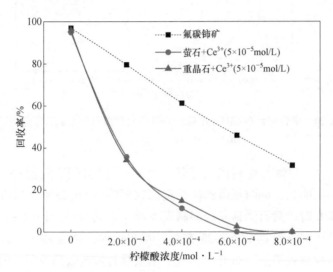

图 6.19 络合调整剂柠檬酸用量对 Ce³⁺ 活化后萤石、重晶石浮选的影响

（OHA $1×10^{-4}$ mol/L；pH 值为 9.5）

6.1.3.2 络合调整剂 EDTA 对 Ce³⁺ 活化后的萤石、重晶石浮选行为的影响

图 6.20 所示为络合调整剂 EDTA 对 Ce³⁺ 活化后的萤石、重晶石浮选行为的影响。由图 6.20 可知，随着 EDTA 用量的增加，Ce³⁺ 活化后的萤石、重晶石均受到强烈的抑制作用，氟碳铈矿基本不受抑制作用。当 EDTA 用量达到 $8×10^{-4}$ mol/L 时，重晶石受到完全抑制而不浮；当 EDTA 用量达到 $3×10^{-3}$ mol/L 时，萤石受到完全抑制而不浮，在 Ce³⁺ 活化后的萤石受到完全抑制的 EDTA 用量条件（$3×10^{-3}$ mol/L）下，氟碳铈矿回收率达到 85.71%。结果表明，络合调整剂 EDTA 对 Ce³⁺ 活化后的萤石、重晶石抑制强烈，同时对氟碳铈矿抑制作用并不明显。EDTA 可作为 Ce³⁺ 活化后的萤石、重晶石的去活化络合调整剂。

6.1.3.3 络合调整剂酒石酸对 Ce³⁺ 活化后的萤石、重晶石浮选行为的影响

图 6.21 所示为络合调整剂酒石酸对 Ce³⁺ 活化后的萤石、重晶石浮选行为的影响。随着酒石酸用量的增加，氟碳铈矿、Ce³⁺ 活化后的萤石受到强烈的抑制作用，而重晶石受到的抑制作用较弱。当酒石酸用量达到 $4×10^{-4}$ mol/L 时，萤石浮

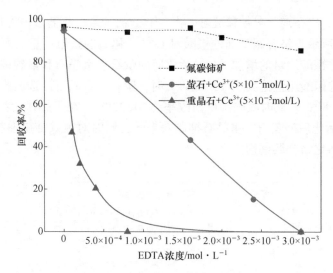

图 6.20 络合调整剂 EDTA 用量对 Ce^{3+} 活化后萤石、重晶石浮选的影响
（OHA $1×10^{-4}$mol/L；pH 值为 9.5）

选回收率降为 16.33%，受到强烈抑制，重晶石浮选回收率分别降为 62.76%，受到抑制作用不明显，同时氟碳铈矿浮选回收率降到 66.33%；当酒石酸用量达到 $8×10^{-4}$mol/L 时，萤石受到完全抑制而不浮，重晶石浮选回收率降为 38.5%，但此时氟碳铈矿浮选回收率降为 28.57%。结果表明，络合调整剂酒石酸对 Ce^{3+} 活化后的萤石抑制效果强，对 Ce^{3+} 活化后的重晶石抑制效果较弱，同时对氟碳铈矿抑制作用明显，不可作为 Ce^{3+} 活化后的萤石、重晶石的去活化络合调整剂。

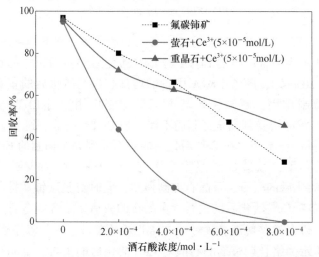

图 6.21 络合调整剂酒石酸用量对 Ce^{3+} 活化后萤石、重晶石浮选的影响
（OHA $1×10^{-4}$mol/L；pH 值为 9.5）

通过对比柠檬酸、EDTA 和酒石酸发现，EDTA 可作为 Ce^{3+} 活化后的萤石、重晶石的去活化络合调整剂。为探究 EDTA 对 Ce^{3+} 活化的萤石、重晶石去活化作用机制，测定了 EDTA 对 Ce^{3+} 活化的萤石、重晶石 Zeta 电位的影响。结果如图 6.22 和图 6.23 所示。

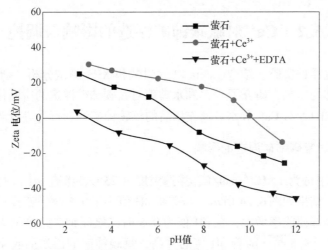

图 6.22　络合调整剂 EDTA 对 Ce^{3+} 活化后萤石 Zeta 电位的影响

(OHA 1×10^{-4} mol/L; Ce^{3+} 5×10^{-5} mol/L; EDTA 3×10^{-3} mol/L; pH 值为 9.5)

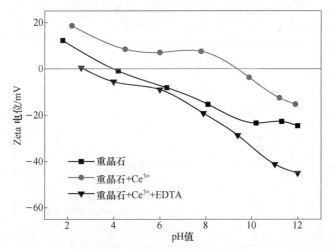

图 6.23　络合调整剂 EDTA 对 Ce^{3+} 活化后重晶石 Zeta 电位的影响

(OHA 1×10^{-4} mol/L; Ce^{3+} 5×10^{-5} mol/L; EDTA 8×10^{-4} mol/L; pH 值为 9.5)

由图 6.22 和图 6.23 分析，EDTA 可显著降低 Ce^{3+} 活化的萤石和重晶石表面电位，这可能是 EDTA 络合去除以 F—Ce(OH)$_2$/F—Ce(OH)$^+$（萤石）、O—Ce(OH)$_2$/O—Ce(OH)$^+$（重晶石）、Ca—O—Ce(OH)$^{2+}$/Ca—O—Ce^{3+}（萤石）、Ba—O—Ce(OH)$^{2+}$/Ba—O—Ce^{3+}（重晶石）形式吸附在矿物表面的 Ce^{3+}，从而达

到去活化的作用；同时，EDTA 处理后，萤石和重晶石表面电位较 Ce^{3+} 活化前进一步降低，表明 EDTA 不但可以去除萤石和重晶石表面吸附的 Ce^{3+}，还可以进一步络合去除萤石和重晶石表面的 Ca、Ba 离子，从而进一步减少萤石和重晶石表面活性位点，EDTA 对 Ce^{3+} 活化的萤石、重晶石 Zeta 电位影响结果与浮选试验结果相一致。

6.2 Ca^{2+}对氟碳铈矿浮选的影响与调控

本节通过浮选实验，结合、Zeta 电位测试和 XPS 测试分析，研究了 Ca^{2+} 对氟碳铈矿浮选的影响，研究了 Ca^{2+} 和水玻璃对氟碳铈矿浮选的协同作用，并通过络合调整剂 EDTA 对 Ca^{2+} 和水玻璃作用后的氟碳铈矿浮选行为进行调控。

6.2.1 Ca^{2+}对氟碳铈矿浮选的影响

在 OHA 用量为 $1×10^{-4}$ mol/L、浮选温度为 25℃，考查 pH 值对氟碳铈矿可浮性的影响，结果如图 6.24 所示。当矿浆 pH 值小于 9.5 时，随着 pH 值的升高，氟碳铈矿的浮选回收率增大，在 pH 值为 9.5 时，氟碳铈矿达到最大回收率；当矿浆 pH 值大于 9.5 时，随着 pH 值的升高，氟碳铈矿的浮选回收率减小，氟碳铈矿浮选的最佳 pH 值为 9.5。

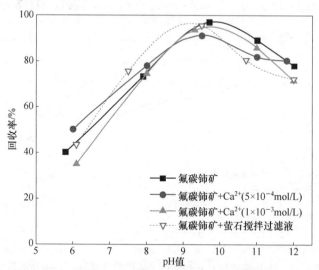

图 6.24 Ca^{2+} 和萤石搅拌过滤液对氟碳铈矿浮选回收率的影响
（OHA $1×10^{-4}$ mol/L）

当捕收剂 OHA 浓度为 $1×10^{-4}$ mol/L、浮选温度为 25℃，考查了不同 Ca^{2+} 浓度对氟碳铈矿浮选回收率的影响。由图 6.24 可知，随 pH 值增大，氟碳铈矿浮选回收率先增大后降低，在 pH 值为 9.5 时，氟碳铈矿浮选回收率达到最大值。当 Ca^{2+} 浓

度从 $1×10^{-4}$mol/L 增加至 $5×10^{-4}$mol/L 时，氟碳铈矿浮选回收率变化不大。同时，氟碳铈矿在萤石的搅拌过滤液中进行浮选与在去离子水中浮选回收率相当。以上实验结果表明，实验 Ca²⁺浓度范围内，Ca²⁺对氟碳铈矿浮选影响不大。

6.2.2 Ca²⁺对水玻璃抑制氟碳铈矿的增强作用机制

图 6.25 所示为水玻璃作抑制剂时，氟碳铈矿在去离子水和萤石调浆过滤液中的浮选行为。随着水玻璃用量的增加，氟碳铈矿在去离子水中和萤石调浆过滤液中回收率均逐步下降，但氟碳铈矿在萤石调浆过滤液中浮选回收率下降更快，表明氟碳铈矿在萤石调浆过滤液中浮选时，水玻璃对氟碳铈矿抑制作用更强。结合萤石的溶解性分析，萤石溶解的 Ca²⁺吸附在氟碳铈矿表面，使氟碳铈矿表面出现类似于萤石的性质，而水玻璃对萤石的抑制作用较强，从而增强了水玻璃对氟碳铈矿的抑制作用。

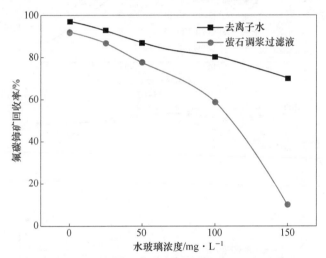

图 6.25 水玻璃作抑制剂时，调浆过滤液对矿物可浮性的影响

(OHA $1×10^{-4}$mol/L；pH 值为 9.5)

为进一步探究 Ca²⁺和水玻璃共同作用对氟碳铈矿浮选的影响机制，进行了 Ca²⁺、水玻璃单独存在和共同存在情况下对氟碳铈矿浮选的影响试验及 Zeta 电位测试。

当溶液中有无 Ca²⁺时，水玻璃用量对氟碳铈矿浮选回收率的影响如图 6.26(a) 所示。当 Ca²⁺不存在时，随着水玻璃用量的增加，氟碳铈矿回收率下降并不明显，当水玻璃用量为 150mg/L 时，氟碳铈矿回收率为 69.90%；当添加 Ca²⁺时，随着水玻璃用量的增加，氟碳铈矿回收率显著下降，且 Ca²⁺含量越大，抑制作用越强；当 Ca²⁺用量为 $2×10^{-3}$mol/L、水玻璃用量为 150mg/L 时，氟碳铈矿回收率为 9.69%。结果表明 Ca²⁺的存在，增强了水玻璃对氟碳铈矿的抑制作用。

当溶液中有无水玻璃时，Ca²⁺用量对氟碳铈矿浮选回收率的影响如图 6.26(b)

所示。当水玻璃不存在时，随着 Ca^{2+} 用量的增加，氟碳铈矿回收率保持在 95% 左右，并未受 Ca^{2+} 影响，此时 Ca^{2+} 对氟碳铈矿没有抑制作用；当溶液中添加水玻璃时，随着 Ca^{2+} 用量的增加，氟碳铈矿回收率逐渐降低，且水玻璃含量越大，抑制作用越强；当水玻璃 150mg/L、Ca^{2+} 用量达到 $3×10^{-3}$mol/L 时，氟碳铈矿受到强烈抑制而不浮。结果表明水玻璃的存在，Ca^{2+} 对氟碳铈矿产生抑制作用。

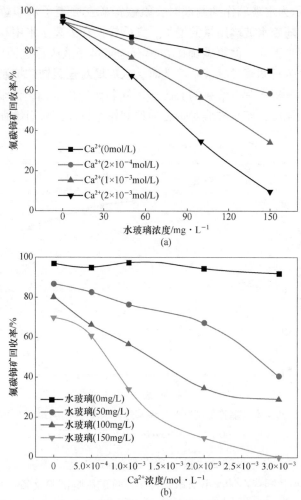

图 6.26　水玻璃和 Ca^{2+} 用量对氟碳铈矿可浮性影响

（OHA $1×10^{-4}$mol/L；pH 值为 9.5）

（a）水玻璃用量；（b）Ca^{2+} 用量

以上研究结果表明，当溶液中仅存在水玻璃时，对氟碳铈矿抑制作用较弱；当溶液中仅存在 Ca^{2+} 时，对氟碳铈矿基本没有抑制作用；当溶液中同时存在 Ca^{2+} 和水玻璃时，氟碳铈矿受到强烈抑制，结果表明 Ca^{2+} 增强了水玻璃对氟碳铈矿的抑制作用是氟碳铈矿与萤石浮选分离困难的原因。

图 6.27 所示为 Ca^{2+}、水玻璃作用后氟碳铈矿表面 Zeta 电位变化情况。Ca^{2+} 存在时氟碳铈矿表面 Zeta 电位正移，这是 Ca^{2+} 的阳离子组分在氟碳铈矿表面吸附的结果；水玻璃存在时氟碳铈矿表面 Zeta 电位负移，这是水玻璃的阴离子组分在氟碳铈矿表面吸附的结果；Ca^{2+} 和水玻璃同时存在时氟碳铈矿表面 Zeta 电位介于溶液中仅有 Ca^{2+} 和仅有水玻璃存在时氟碳铈矿表面 Zeta 电位之间，这是 Ca^{2+} 溶液的阳离子组分和水玻璃的阴离子组分共同吸附于氟碳铈矿表面的结果，这与浮选试验结果一致。

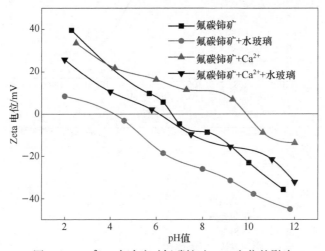

图 6.27 Ca^{2+}、水玻璃对氟碳铈矿 Zeta 电位的影响

图 6.28 所示为 Ca^{2+}、水玻璃作用后氟碳铈矿表面 Si 2p XPS 光谱变化情况，其中，$CaSiO_3$ 络合沉淀在 pH 值为 9.5 时，采用摩尔比 1:1 的 Ca^{2+} 和水玻璃混

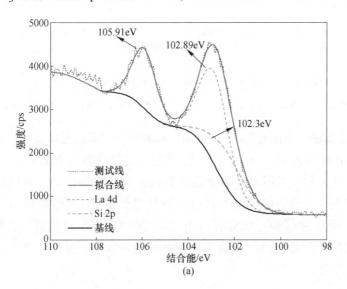

(a)

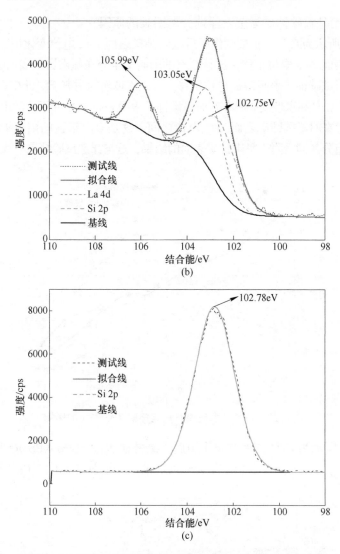

图 6.28 Ca^{2+}和水玻璃处理前后氟碳铈矿表面 Si 2p XPS 光谱

(a) 105mg/L 水玻璃；(b) 1×10^{-3}mol/L Ca^{2+}+105mg/L 水玻璃；(c) CaSiO$_3$ 络合沉淀

合-沉淀-过滤制成。由图 6.28(a) 可知，水玻璃处理后的氟碳铈矿，在结合能为102.3eV 处出现 Si 2p 峰，该峰与 La 4d 光谱峰的结合能为 102.89eV 重叠。与图 6.28(b) 对比可知，当用 Ca^{2+}和水玻璃共同处理氟碳铈矿时，氟碳铈矿表面 Si 2p 峰显著增强，且结合能为 102.75eV，较仅用水玻璃处理时偏移 0.45eV，这与图 6.28(c) 所示的 CaSiO$_3$ 沉淀的 Si 2p 结合能 102.78eV 更接近，表明 Ca^{2+}通过在氟碳铈矿表面形成 CaSiO$_3$ 沉淀来增加硅酸根的吸附，从而增强水玻璃对氟碳铈矿的抑制作用。

　　根据上述分析，Ca²⁺对水玻璃抑制氟碳铈矿浮选的增抑作用机制如图 6.29 所示。首先，由于矿浆中的 Ca²⁺/Ca(OH)⁺离子消耗 OHA 阴离子，并通过在氟碳铈矿表面形成 Ca—F 或 Ca—CO₃键来增加亲水性，Ca²⁺可轻微抑制氟碳铈矿的浮选；其次，水玻璃在氟碳铈矿表面也可少量吸附，可增加氟碳铈矿表面的亲水性，水玻璃也可以轻微抑制氟碳铈矿；然而，当用 Ca²⁺和水玻璃组合处理时，在氟碳铈矿表面会形成亲水的 CaSiO₃沉淀，增加了硅酸根在氟碳铈矿上的吸附，这阻碍了 OHA 捕收剂的吸附并降低了其疏水性，从而对氟碳铈矿浮选造成严重的抑制。

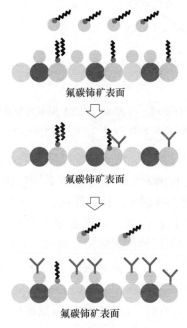

氟碳铈矿表面

氟碳铈矿表面

氟碳铈矿表面

● Ce³⁺　● F⁻　● CO₃²⁻　● Ca²⁺/Ca(OH)⁺　Y 硅酸根　Y 硅酸钙沉淀　OHA分子　OHA离子

图 6.29　Ca²⁺、水玻璃对氟碳铈矿协同抑制的作用模型

6.2.3　EDTA 对 Ca²⁺增强水玻璃抑制氟碳铈矿效果的解抑作用

　　以上研究表明，单独 Ca²⁺对氟碳铈矿的浮选影响不大，当 Ca²⁺和水玻璃共同存在时，Ca²⁺增加了硅酸根氟碳铈矿的抑制作用，从而抑制氟碳铈矿上浮。因此，为除去 Ca²⁺对水玻璃抑制氟碳铈矿的增强作用，考查了络合调整剂柠檬酸、EDTA 对 Ca²⁺和水玻璃作用下氟碳铈矿浮选行为的影响规律。

　　图 6.30 所示为 Ca²⁺和水玻璃存在时，柠檬酸、EDTA 用量对氟碳铈矿可浮性的影响。

　　当 Ca²⁺用量为 $2×10^{-3}$ mol/L、水玻璃用量为 150mg/L 时，氟碳铈矿回收率为

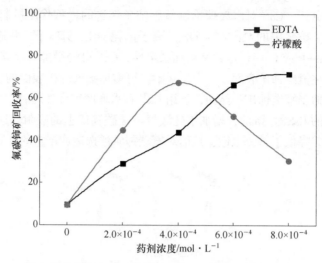

图 6.30 Ca^{2+} 和水玻璃存在时，柠檬酸、EDTA 用量对氟碳铈矿可浮性的影响

（OHA 1×10^{-4}mol/L；Ca^{2+} 2×10^{-3}mol/L；水玻璃 150mg/L；pH 值为 9.5）

9.69%。当在溶液中加入柠檬酸后，随着柠檬酸用量的增加，氟碳铈矿回收率先上升后下降，结果表明，柠檬酸对 Ca^{2+}、水玻璃共同作用抑制后的氟碳铈矿有解抑的作用，但用量过大反而会抑制氟碳铈矿浮选；当在溶液中加入 EDTA 后，随着 EDTA 用量的增加，氟碳铈矿浮选回收率逐步上升至稳定，结果表明，EDTA 对 Ca^{2+}、水玻璃共同作用抑制后的氟碳铈矿有解抑的作用，且受用量影响较小。

为进一步探究 EDTA 对 Ca^{2+}、水玻璃共同作用抑制的氟碳铈矿的解抑机理，进行了 Ca^{2+}、水玻璃及 EDTA 对氟碳铈矿表面 Zeta 电位的影响研究。

图 6.31 所示为 Ca^{2+}、水玻璃、EDTA 作用后氟碳铈矿表面 Zeta 电位变化情

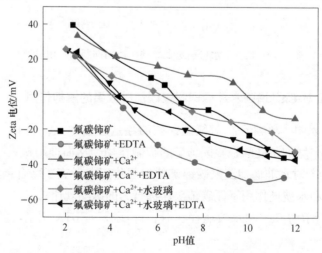

图 6.31 Ca^{2+}、水玻璃、EDTA 对氟碳铈矿 Zeta 电位的影响

况。由图 6.31 可知，氟碳铈矿与 Ca^{2+} 作用后再与 EDTA 作用时，氟碳铈矿表面 Zeta 电位较氟碳铈矿仅与 Ca^{2+} 作用时的 Zeta 电位负移，说明 Zeta 络合掉氟碳铈矿表面吸附的 Ca^{2+}；氟碳铈矿与 Ca^{2+}、水玻璃作用后再与 EDTA 作用时，氟碳铈矿表面 Zeta 电位较氟碳铈矿仅与 Ca^{2+}、水玻璃作用时的 Zeta 电位负移，这是 EDTA 络合掉氟碳铈矿表面吸附的 Ca^{2+}，从而减少了氟碳铈矿表面与 Ca^{2+} 产生共吸附现象的水玻璃的吸附量，这与 EDTA 对 Ca^{2+}、水玻璃共同作用抑制后的氟碳铈矿的解抑试验结果相一致。

6.3　本章小结

本章开展了 Ce^{3+}、Ca^{2+} 难免金属离子对氟碳铈矿和钙钡脉石矿物萤石、重晶石浮选的交互影响作用机制研究，开展了络合抑制剂柠檬酸和 EDTA 对金属离子交互影响的氟碳铈矿、萤石及重晶石浮选行为的调控作用机制研究。得到以下结论：

（1）Ce^{3+} 对萤石和重晶石的浮选具有活化作用。难免 Ce^{3+} 吸附在萤石和重晶石表面，增加了萤石和重晶石表面 OHA 吸附的活性位点，并使二者表面呈现类似于氟碳铈矿表面的性质，增强了 OHA 在其表面的吸附，从而活化浮选。

（2）Ca^{2+} 和水玻璃对氟碳铈矿浮选具有协同抑制作用。单独 Ca^{2+} 对氟碳铈矿浮选影响不大，这可能是因为 OHA 与氟碳铈矿表面 Ce^{3+} 作用能力更强；Ca^{2+} 和水玻璃存在时，Ca^{2+} 可大大增强水玻璃对氟碳铈矿的抑制作用，其机制为：水玻璃组分 SiO_3^{2-} 能与氟碳铈矿表面吸附的 Ca^{2+} 形成 Ca—SiO_3 键合，从而增强水玻璃在氟碳铈矿表面的吸附，强化对氟碳铈矿的抑制，这也是氟碳铈矿与萤石浮选分离困难的原因。

（3）络合调整剂 EDTA 对氟碳铈矿和钙钡脉石矿物萤石、重晶石浮选的交互影响具有"双重作用"。一方面，EDTA 对 Ce^{3+} 活化萤石和重晶石具有去活化作用，EDTA 可络合去除吸附在萤石和重晶石矿物表面的 Ce^{3+} 活性位点，恢复萤石和重晶石的自然可浮性；另一方面，EDTA 对 Ca^{2+} 和水玻璃协同抑制的氟碳铈矿具有解抑作用，EDTA 可络合解吸掉吸附在氟碳铈矿表面吸附的 Ca^{2+}，大量去除水玻璃组分 SiO_3^{2-} 在氟碳铈矿表面的键合位点，从而降低 Ca^{2+} 和水玻璃在氟碳铈矿表面共吸附而产生的抑制效果，达到解抑的作用。

7 优选抑制剂对钙钡脉石矿物的
选择性抑制作用机理

本章考查了水玻璃、EDTA 等抑制剂在氟碳铈矿和萤石、重晶石钙钡脉石矿物表面的作用形式，通过 Zeta 电位测试和 XPS 分析对两种抑制剂的选择性抑制作用机理进行探究。

7.1 水玻璃对氟碳铈矿、萤石和重晶石的抑制作用机理

首先通过水玻璃和 OHA 作用前后氟碳铈矿、萤石、重晶石的 Zeta 电位测试与 XPS 分析，研究水玻璃在 3 种矿物表面的吸附能力，以及水玻璃对 OHA 在矿物表面吸附能力的影响，探究水玻璃对 3 种矿物的选择性抑制机制。

7.1.1 矿物与水玻璃及 OHA 作用的 Zeta 电位变化规律

分别测定了氟碳铈矿、萤石、重晶石在去离子水、水玻璃及 OHA 溶液中矿物表面动电位，结果如图 7.1 ~ 图 7.3 所示。

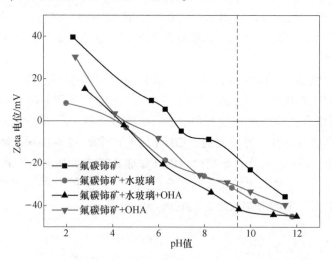

图 7.1 水玻璃和 OHA 对氟碳铈矿 Zeta 电位的影响

由图 7.1 可知，氟碳铈矿与 OHA 作用后，Zeta 电位整体负移，pH 值为 9.5 时，电位负移 13.5eV，主要为 OHA 阴离子和 OHA 分子在氟碳铈矿表面吸附后，

降低或屏蔽了氟碳铈矿表面的正电性所致；氟碳铈矿与水玻璃作用后，Zeta 电位同样产生负移，pH 值为 9.5 时，电位负移 15.5eV，这可能是带负电的水玻璃组分在氟碳铈矿表明发生了吸附，从而降低或屏蔽了氟碳铈矿表面的正电性；水玻璃和 OHA 共同作用下，pH 值为 9.5 时，氟碳铈矿表面 Zeta 电位负移 25.1eV，较只添加水玻璃条件下进一步负移 9.6eV；表明水玻璃对 OHA 在氟碳铈矿表面的吸附影响较小，水玻璃在氟碳铈矿表面吸附后，OHA 仍可以继续吸附，水玻璃对 OHA 在氟碳铈矿表面吸附的影响较弱，这与浮选试验结果相一致。

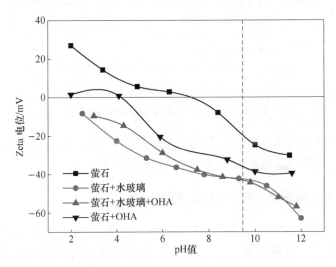

图 7.2　水玻璃和 OHA 对萤石 Zeta 电位的影响

　　由图 7.2 可知，OHA 作用后萤石 Zeta 电位整体负移，pH 值为 9.5 时，电位负移 16.1eV；萤石与水玻璃作用后，萤石 Zeta 电位同样产生负移，pH 值为 9.5 时，电位负移 22.8eV，负移程度大于同样 pH 条件下氟碳铈矿与 OHA 作用后的表面电位负移程度，说明水玻璃在萤石表面吸附能力强于 OHA 在萤石表明吸附能力；水玻璃和 OHA 共同作用下，萤石 Zeta 电位同样产生负移，pH 值为 9.5 时，电位负移 23.5eV，较只添加水玻璃条件下负移 0.7eV，负移程度较小，表明水玻璃在萤石表面的吸附阻碍了 OHA 的吸附，水玻璃对 OHA 在萤石表面吸附的影响较大，这与浮选试验结果相一致。

　　由图 7.3 可知，OHA 作用后重晶石 Zeta 电位整体负移，pH 值为 9.5 时，电位负移 13.9eV；重晶石与水玻璃作用后，重晶石 Zeta 电位同样产生负移，pH 值为 9.5 时，电位负移 27.7eV；重晶石与水玻璃作用后的表面电位负移程度大于重晶石与 OHA 作用后的表面电位负移程度，说明水玻璃在重晶石表面吸附能力强于 OHA 在重晶石表明吸附能力；水玻璃和 OHA 共同作用下，重晶石 Zeta 电位同样产生负移，pH 值为 9.5 时，电位负移 27.7eV，较只添加水玻璃条件下并未

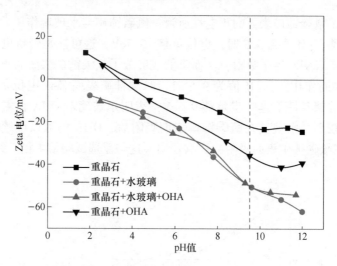

图 7.3 水玻璃和 OHA 对重晶石 Zeta 电位的影响

产生负移，表明水玻璃在重晶石表面的吸附阻碍了 OHA 的吸附，水玻璃对 OHA 在重晶石表面吸附的影响较大，这与浮选试验结果相一致。

7.1.2 矿物与水玻璃及 OHA 作用的 XPS 分析

7.1.2.1 氟碳铈矿、萤石、重晶石与水玻璃及 OHA 作用的 XPS 全谱

图 7.4 所示为氟碳铈矿、萤石、重晶石与水玻璃及 OHA 作用前后的 XPS 全谱。

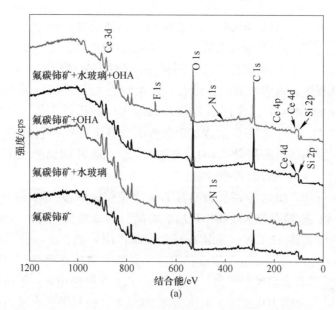

(a)

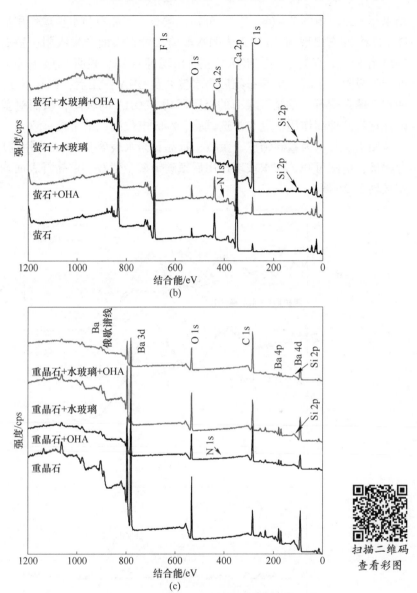

图 7.4 氟碳铈矿、萤石、重晶石与水玻璃及 OHA 作用前后的 XPS 全谱
(a) 氟碳铈矿；(b) 萤石；(c) 重晶石

　　由图 7.4(a) 可知，氟碳铈矿与水玻璃作用后，矿物表面在 102eV 左右出现 Si 2p 峰，表明水玻璃在氟碳铈矿表面产生吸附；氟碳铈矿与 OHA 作用后，矿物表面在 400eV 左右出现 N 1s 峰，表明 OHA 在氟碳铈矿表面产生吸附；氟碳铈矿先后与水玻璃及 OHA 作用后，氟碳铈矿表面仍有 N 1s 峰出现。表明水玻璃并未影响 OHA 在氟碳铈矿表面发生较强的化学吸附，这与浮选试验、Zeta 电位测试

结果相一致。由图 7.4(b)(c)可知，萤石、重晶石与水玻璃作用后，矿物表面在 102eV 左右出现 Si 2p 峰，表明水玻璃在萤石表面产生吸附；萤石、重晶石与 OHA 作用后，矿物表面在 400eV 左右出现 N 1s 峰，表明 OHA 在萤石、重晶石表面产生吸附；萤石、重晶石先后与水玻璃及 OHA 作用后，矿物 N 1s 峰消失，表明水玻璃在萤石、重晶石表面的吸附阻碍了 OHA 的吸附，从而对萤石、重晶石的浮选起到抑制作用，这与浮选试验、Zeta 电位测试结果相一致。

图 7.5 所示为氟碳铈矿、萤石、重晶石与水玻璃及 OHA 作用前后的 Si 2p 高分辨谱，由图可知，与水玻璃作用后氟碳铈矿、萤石、重晶石表面均出现明显的水玻璃 Si 2p 峰。

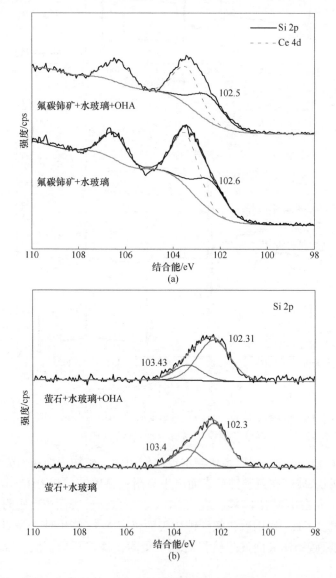

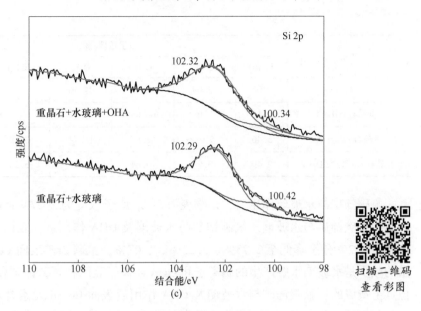

图 7.5 氟碳铈矿、萤石、重晶石与水玻璃及 OHA 作用前后的 Si 2p 高分辨谱
(a) 氟碳铈矿；(b) 萤石；(c) 重晶石

7.1.2.2 氟碳铈矿、萤石、重晶石与水玻璃及 OHA 作用表面相对原子浓度分析

表 7.1 为氟碳铈矿、萤石、重晶石与水玻璃及 OHA 作用前后表面相对原子浓度表。

表 7.1 矿物与水玻璃及 OHA 作用前后表面相对原子浓度

样品	原子浓度/%					
	Ce 3d	F 1s	C 1s	O 1s	Si 2p	N 1s
氟碳铈矿	4.2	6.23	51.65	37.92		
氟碳铈矿+OHA	3.63	4.7	57.59	32.26		1.82
氟碳铈矿+水玻璃	2.45	3.59	63.42	28.27	2.27	
氟碳铈矿+水玻璃+OHA	2.01	3.45	64.42	26.76	2.06	1.3

样品	原子浓度/%					
	Ca 2p	F 1s	C 1s	O 1s	Si 2p	N 1s
萤石	34.47	46.76	13.04	5.73		
萤石+OHA	27.09	32.69	32.04	6.6		1.22
萤石+水玻璃	14.12	14.91	58.25	9.3	3.41	
萤石+水玻璃+OHA	13.29	12.77	62.8	8.34	2.8	

样品	原子浓度/%					
	Ba 3d	S 1s	C 1s	O 1s	Si 2p	N 1s
重晶石	9.95	13.09	42.6	34.36		
重晶石+OHA	6.11	7.46	60.63	25.25		0.55
重晶石+水玻璃	3.46	5.04	68.87	18.74	3.89	
重晶石+水玻璃+OHA	2.49	3.9	73.64	16.39	3.58	

　　氟碳铈矿与水玻璃作用后，矿物表面 Si 2p 原子浓度为 2.27%；氟碳铈矿与 OHA、氟碳铈矿与水玻璃、氟碳铈矿与水玻璃及 OHA 作用后，表面 Ce 3d 原子浓度由 4.2% 分别降低至 2.73%、2.25%、1.07%，氟碳铈矿表面 Ce 3d 元素含量的减少是水玻璃水解产生的阴离子和 OHA 阴离子吸附在氟碳铈矿表面 Ce 活性位点上造成的；氟碳铈矿与水玻璃及 OHA 作用后表面 Ce 3d 元素含量较氟碳铈矿仅与水玻璃作用后 Ce 3d 元素含量继续降低，同时氟碳铈矿与水玻璃及 OHA 作用后 N 1s 元素含量较氟碳铈矿仅与水玻璃作用后 N 1s 元素含量（原子浓度）由 1.82% 降低至 1.3%，水玻璃对 OHA 在氟碳铈矿表面的吸附影响较小；结果表明水玻璃在氟碳铈矿表面吸附量较少，对氟碳铈矿抑制作用弱，这与浮选试验、Zeta 电位测试结果相一致。

　　萤石与 OHA 作用后，矿物表面出现 N 1s 峰，原子浓度为 1.22%；萤石与水玻璃作用后，矿物表面 Si 2p 原子浓度为 3.41%，大于氟碳铈矿表面吸附的 Si 2p 原子浓度 2.27%；萤石与 OHA、萤石与水玻璃、萤石与水玻璃及 OHA 作用后，表面 Ca 2p 原子浓度由 34.47% 分别降低至 27.09%、14.12%、13.29%，萤石表面 Ca 2p 元素含量的减少是水玻璃水解产生的阴离子和 OHA 阴离子吸附在萤石表面 Ca 活性位点上造成的；萤石与水玻璃及 OHA 作用后表面 Ca 2p 元素含量较萤石仅与水玻璃作用后 Ca 2p 元素含量（原子浓度）仅降低 0.83%，远低于萤石与水玻璃作用后萤石表面 Ca 2p 元素降低量 12.97%，同时萤石与水玻璃及 OHA 作用后 N 1s 元素消失，OHA 并未在吸附了水玻璃的萤石表面吸附；结果表明水玻璃在萤石表面吸附量较大，阻碍了 OHA 的吸附，对萤石抑制作用强，这与浮选试验、Zeta 电位测试结果相一致。

　　重晶石与 OHA 作用后，矿物表面出现 N 1s 峰，含量为（原子浓度）0.55%；重晶石与水玻璃作用后，矿物表面 Si 2p 原子浓度为 3.89%，大于氟碳铈矿表面吸附的 Si 2p 浓度 2.27%；重晶石与 OHA、重晶石与水玻璃、重晶石与水玻璃及 OHA 作用后，表面 Ba 3d 原子浓度由 9.95% 分别降低至 6.11%、

3.46%、2.49%，重晶石表面 Ba 3d 元素含量的减少是水玻璃水解产生的阴离子和 OHA 阴离子吸附在重晶石表面 Ba 活性位点上造成的；重晶石与水玻璃及 OHA 作用后表面 Ba 3d 元素含量较重晶石仅与水玻璃作用后 Ba 3d 元素含量（原子浓度）仅降低 0.97%，低于重晶石与水玻璃作用后重晶石表面 Ba 3d 元素降低量 2.65%，同时重晶石与水玻璃及 OHA 作用后 N 1s 元素消失，OHA 并未在吸附了水玻璃的重晶石表面吸附；结果表明水玻璃在重晶石表面吸附量较大，阻碍了 OHA 的吸附，对重晶石抑制作用强，这与浮选试验、Zeta 电位测试结果相一致。

7.1.2.3　氟碳铈矿、萤石、重晶石与水玻璃及 OHA 作用表面元素 XPS 高分辨谱

图 7.6 所示为氟碳铈矿、萤石、重晶石与水玻璃及 OHA 作用前后的 Ce 3d、Ca 2p、Ba 3d XPS 高分辨谱。图 7.7 所示为氟碳铈矿、萤石、重晶石与水玻璃及 OHA 作用前后的 O 1s XPS 高分辨谱。图 7.8 所示为氟碳铈矿、萤石、重晶石与水玻璃及 OHA 作用前后的 N 1s XPS 高分辨谱。氟碳铈矿与水玻璃及 OHA 作用后，表面仍出现较强的 N 1s 峰；萤石、重晶石与水玻璃及 OHA 作用后，表面 N 1s 峰消失。

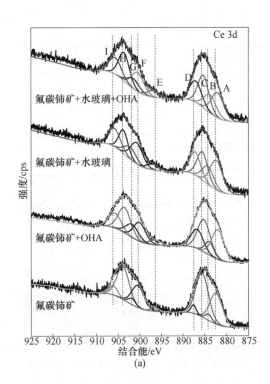

(a)

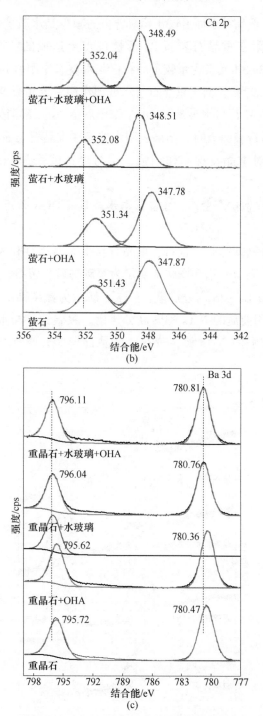

图 7.6 氟碳铈矿、萤石、重晶石与水玻璃及 OHA 作用前后的元素 XPS 高分辨谱

(a) 氟碳铈矿-Ce 3d；(b) 萤石-Ca 2p；(c) 重晶石-Ba 3d

扫描二维码
查看彩图

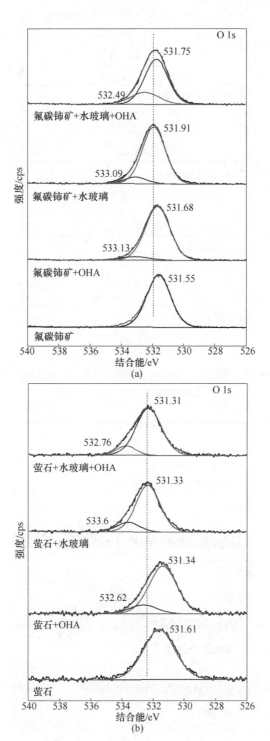

(a)

(b)

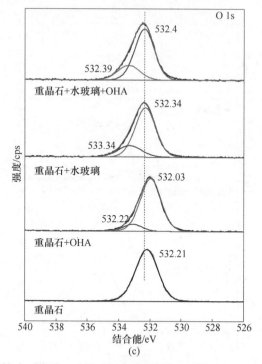

扫描二维码
查看彩图

图7.7 氟碳铈矿、萤石、重晶石与水玻璃及 OHA 作用前后的 O 1s 高分辨谱

（a）氟碳铈矿；（b）萤石；（c）重晶石

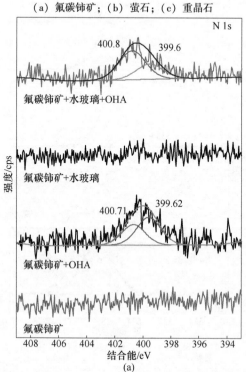

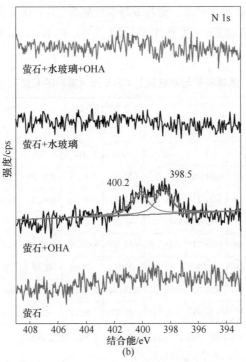

(b)

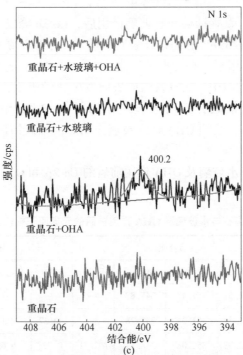

(c)

图 7.8 氟碳铈矿、萤石、重晶石与水玻璃及 OHA 作用前后的 N 1s 高分辨谱

(a) 氟碳铈矿；(b) 萤石；(c) 重晶石

7.1.2.4　氟碳铈矿、萤石、重晶石与水玻璃及 OHA 作用表面元素结合能变化

氟碳铈矿与水玻璃及 OHA 作用前后的 Ce 3d 和 O 1s 原子轨道结合能及结合能位移情况见表 7.2。

表 7.2　氟碳铈矿与水玻璃及 OHA 作用前后的元素轨道结合能

样品	结合能/eV									
	Ce(Ⅲ) $3d_{5/2}$		Ce(Ⅲ) $3d_{3/2}$		Ce(Ⅳ) $3d_{5/2}$			Ce(Ⅳ) $3d_{3/2}$		O 1s
	A	C	F	H	B	D	E	G	I	
①	882.44	885.62	900.48	903.95	884.17	887.6	896.59	901.9	906.18	531.52
②	881.97	885.11	900.11	903.57	883.95	886.76	896.75	901.82	905.78	531.68
②-①	-0.47	-0.51	-0.37	-0.38	-0.22	-0.84	0.16	-0.08	-0.4	0.16
③	882.3	885.49	900.71	903.78	884.21	887.16	897.05	902.22	905.88	531.91
③-①	-0.14	-0.13	0.23	-0.17	0.04	-0.44	0.46	0.32	-0.3	0.39
④	881.82	885.14	900.25	903.64	883.74	887.05	896.81	901.89	881.8	531.75
④-③	-0.48	-0.35	-0.46	-0.14	-0.47	-0.11	-0.24	-0.33	-0.23	-0.16

注：①氟碳铈矿；②氟碳铈矿+OHA；③氟碳铈矿+水玻璃；④氟碳铈矿+水玻璃+OHA；②-①、③-①、④-③分别表示二者结合能位移量。

由表 7.2 可知，氟碳铈矿与水玻璃作用后，Ce 3d 峰发生 0.04 ~ 0.46eV 的偏移，O 1s 峰发生 0.39eV 的偏移，表明水玻璃在氟碳铈矿表面发生化学吸附；氟碳铈矿与 OHA 作用后，Ce 3d 峰发生 0.08 ~ 0.84eV 的偏移，O 1s 峰发生 0.16eV 的偏移，表明 OHA 在氟碳铈矿表面发生化学吸附；氟碳铈矿与水玻璃及 OHA 作用后，较氟碳铈矿与水玻璃作用时 Ce 3d 峰偏移 0.11 ~ 0.48eV，O 1s 峰偏移 0.16eV，表明 OHA 在水玻璃作用后的氟碳铈矿表面仍发生了化学吸附。

萤石、重晶石与水玻璃及 OHA 作用前后的 Ca 2p 和 O 1s 原子轨道结合能及结合能位移情况见表 7.3。

表 7.3　重晶石与水玻璃及 OHA 作用前后的元素原子轨道结合能位移

样品	结合能/eV				化学位移/eV			
	O 1s	Ca $2p_{1/2}$	Ca $2p_{3/2}$	Si 2p	O 1s	Ca $2p_{1/2}$	Ca $2p_{3/2}$	Si 2p
萤石	531.61	351.43	347.87	—	—	—	—	—
萤石+OHA	531.34	351.34	347.78	—	-0.27	-0.09	-0.09	—
萤石+水玻璃	532.33	352.08	348.51	102.31	0.72	0.65	0.64	—
萤石+水玻璃+OHA	532.31	352.04	348.49	102.3	-0.02	-0.04	-0.02	0.01

样品	结合能/eV				化学位移/eV			
	O 1s	Ba 3d$_{3/2}$	Ba 3d$_{5/2}$	Si 2p	O 1s	Ba 3d$_{3/2}$	Ba 3d$_{5/2}$	Si 2p
重晶石	532.21	795.72	780.47	—	—	—	—	—
重晶石+OHA	532.03	795.62	780.36	—	−0.18	−0.1	−0.11	
重晶石+水玻璃	532.34	796.04	780.76	102.29	0.13	0.32	0.29	
重晶石+水玻璃+OHA	532.4	796.11	780.81	102.32	0.06	0.07	0.05	0.03

由表 7.3 可知，萤石与 OHA 作用后，Ca 2p$_{1/2}$ 和 Ca 2p$_{3/2}$ 峰结合能分别发生 0.09eV、0.09eV 的偏移，O 1s 峰结合能发生 0.27eV 的偏移，表明 OHA 在氟碳铈矿表面发生化学吸附；萤石与水玻璃作用后，Ca 2p$_{1/2}$ 和 Ca 2p$_{3/2}$ 峰结合能分别发生 0.64eV、0.65eV 的偏移，O 1s 峰结合能发生 0.72eV 的偏移，表明水玻璃在氟碳铈矿表面发生强烈的化学吸附；萤石与水玻璃及 OHA 作用后，较萤石与水玻璃作用时 Ca 2p$_{1/2}$ 和 Ca 2p$_{3/2}$ 峰结合能分别发生 0.04eV、0.02eV 的偏移，O 1s 峰结合能发生 0.02eV 的偏移，Ca 2p、O 1s 峰偏移较小，结合萤石在水玻璃及 OHA 作用后表面并未出现 N 1s 峰，表明 OHA 并未在水玻璃作用后的萤石表面吸附。

重晶石与 OHA 作用后，Ba 3d$_{3/2}$ 和 Ba 3d$_{5/2}$ 峰结合能分别发生 0.1eV、0.11eV 的偏移，O 1s 峰结合能发生 0.18eV 的偏移，表明 OHA 在重晶石表面发生化学吸附；重晶石与水玻璃作用后，Ba 3d$_{3/2}$ 和 Ba 3d$_{5/2}$ 峰结合能分别发生 0.32eV、0.29eV 的偏移，O 1s 峰结合能发生 0.13eV 的偏移，表明水玻璃在重晶石表面发生强烈的化学吸附；重晶石与水玻璃及 OHA 作用后，较重晶石与水玻璃作用时 Ba 3d$_{3/2}$ 和 Ba 3d$_{5/2}$ 峰结合能分别发生 0.07eV、0.05eV 的偏移，O 1s 峰结合能发生 0.06eV 的偏移，Ba 3d、O 1s 峰偏移较小，结合重晶石在水玻璃及 OHA 作用后表面并未出现 N 1s 峰，表明 OHA 并未在水玻璃作用后的重晶石表面吸附。

通过水玻璃及 OHA 作用前后氟碳铈矿、萤石、重晶石 Zeta 电位测试和 XPS 分析，可以得到以下结论：水玻璃在氟碳铈矿、萤石、重晶石表面均发生化学吸附，但水玻璃在氟碳铈矿表面吸附较少，抑制作用弱，吸附了水玻璃的氟碳铈矿仍然可以吸附 OHA；水玻璃在萤石、重晶石表面吸附能力强于 OHA 在萤石、重晶石表面吸附能力，且吸附量大，抑制作用强，水玻璃在萤石、重晶石、氟碳铈矿表面选择性吸附是其选择性抑制作用的主要机制。

7.2 EDTA 对氟碳铈矿、萤石和重晶石的抑制作用机理

本节通过 EDTA 及 OHA 作用前后氟碳铈矿、萤石、重晶石 Zeta 电位测试与 XPS 分析，对 EDTA 抑制剂在氟碳铈矿和萤石、重晶石矿物表面的作用形式进行

了研究，以明确 EDTA 对萤石、重晶石的选择性抑制作用机制。

7.2.1 矿物与 EDTA 及 OHA 作用的 Zeta 电位变化规律

首先测定了氟碳铈矿、萤石、重晶石在去离子水、EDTA 及 OHA 溶液中矿物表面动电位与 pH 值的关系，以明确 EDTA 和 OHA 对三种矿物表面电性的影响规律，结果如图 7.9 ~ 图 7.11 所示。

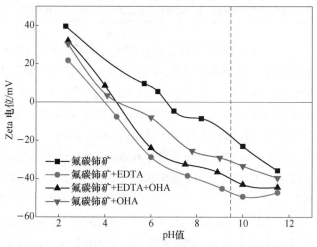

图 7.9　EDTA 和 OHA 对氟碳铈矿 Zeta 电位的影响

图 7.9 所示为 EDTA 及 OHA 单独作用和共同作用时对氟碳铈矿 Zeta 电位的影响。无 EDTA 或 OHA 时，去离子水中氟碳铈矿等电点 pH 值为 6.8 左右，氟碳铈矿与 OHA 作用后，Zeta 电位整体负移，pH 值为 9.5 时，电位负移 13.5eV，主要为带负电的羟肟酸离子和中性羟肟酸分子在氟碳铈矿表面吸附后，降低或屏蔽了氟碳铈矿表面的正电性所致；氟碳铈矿与 EDTA 作用后，Zeta 电位同样产生负移，pH 值为 9.5 时，电位负移 30eV，负移程度大于 OHA 的调整作用，这可能是 EDTA 络合清洗氟碳铈矿表面的 Ce^{3+}，从而降低其表面正电性；EDTA 和 OHA 共同作用下，pH 值为 9.5 时，氟碳铈矿表面 Zeta 电位负移 23.8eV，较只添加 EDTA 条件下正移 4.7eV，EDTA 和 OHA 共同作用下，氟碳铈矿 Zeta 电位位于 OHA 和 EDTA 单独调整后 Zeta 电位之间，矿物表面电性有向矿物仅与 OHA 作用时表面电性转化的趋势，这可能是 OHA 吸附在 EDTA 作用后的氟碳铈矿表面造成的。EDTA 及 OHA 单独作用和共同作用时氟碳铈矿 Zeta 电位变化结果与浮选试验结果相一致。

图 7.10 所示为 EDTA 及 OHA 单独作用和共同作用时对萤石 Zeta 电位的影响。无 EDTA 或 OHA 时，去离子水中萤石等电点 pH 值为 7.2 左右，OHA 作用后萤石 Zeta 电位整体负移，pH 值为 9.5 时，电位负移 16.1eV；萤石与 EDTA 作用后，萤石 Zeta 电位同样产生负移，pH 值为 9.5 时，电位负移 32eV，萤石与

EDTA 作用后的表面电位负移程度大于萤石与 OHA 作用后的表面电位负移程度；EDTA 和 OHA 共同作用下，萤石 Zeta 电位同样产生负移，pH 值为 9.5 时，电位负移 32.2eV，较只添加 EDTA 条件下仅负移 0.2eV，这可能是 EDTA 显著降低了萤石表面 Zeta 电位，增强了萤石表面与 OHA 的静电斥力，从而阻碍了 OHA 在萤石表面的吸附。结合溶液化学计算分析可知，EDTA 对 OHA 在萤石表面吸附的影响较大，这与浮选试验结果相一致。

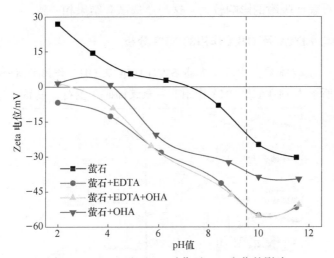

图 7.10　EDTA 和 OHA 对萤石 Zeta 电位的影响

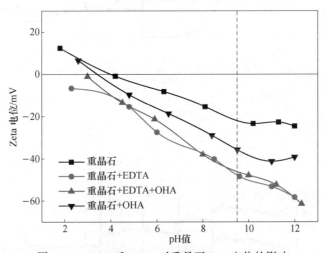

图 7.11　EDTA 和 OHA 对重晶石 Zeta 电位的影响

图 7.11 所示为 EDTA 及 OHA 单独作用和共同作用时对重晶石 Zeta 电位的影响。无 EDTA 或 OHA 时，去离子水中重晶石等电点 pH 值为 4.3 左右，OHA 作用后重晶石 Zeta 电位整体负移，pH 值为 9.5 时，电位负移 13.9eV；重晶石与

EDTA 作用后，重晶石 Zeta 电位同样产生负移，pH 值为 9.5 时，电位负移 25.5eV；重晶石与 EDTA 作用后的表面电位负移程度大于重晶石与 OHA 作用后的表面电位负移程度；EDTA 和 OHA 共同作用下，重晶石 Zeta 电位同样产生负移，pH 值为 9.5 时，电位负移 23.9eV，较只添加 EDTA 条件下仅负移 1.6eV，这可能是 EDTA 显著降低了重晶石表面 Zeta 电位，增强了重晶石表面与 OHA 的静电斥力，从而阻碍了 OHA 的吸附。结合溶液化学计算分析可知，EDTA 对 OHA 在重晶石表面吸附的影响较大，这与浮选试验结果相一致。

7.2.2　矿物与 EDTA 及 OHA 作用的 XPS 分析

7.2.2.1　氟碳铈矿、萤石、重晶石与 EDTA 及 OHA 作用的 XPS 全谱

图 7.12 所示为 EDTA 及 OHA 作用前后氟碳铈矿、萤石、重晶石的 XPS 全谱。

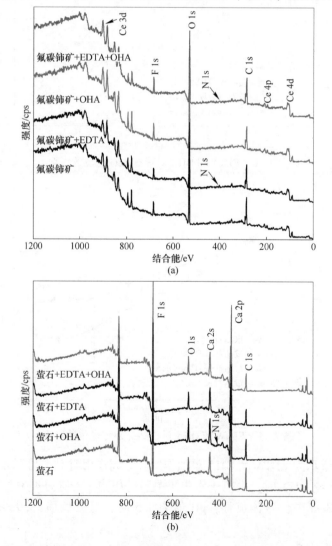

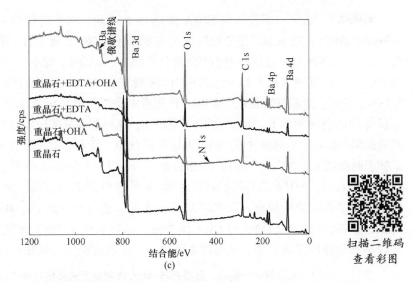

图 7.12 氟碳铈矿、萤石和重晶石分别与 EDTA 及 OHA 作用前后的 XPS 全谱
(a) 氟碳铈矿；(b) 萤石；(c) 重晶石

由图 7.12(a) 可知，氟碳铈矿与 OHA 作用后，矿物表面在 400eV 左右出现 N 1s 峰，表明 OHA 在氟碳铈矿表面产生吸附；氟碳铈矿与 EDTA 作用后，矿物表面没有出现 N 1s 峰，表明 EDTA 在氟碳铈矿表面并未吸附；氟碳铈矿先后与 EDTA 及 OHA 作用后，氟碳铈矿表面仍有 N 1s 峰出现。表明 EDTA 并未影响 OHA 在氟碳铈矿表面发生较强的化学吸附，这与浮选试验、Zeta 电位测试结果相一致。

由图 7.12(b)(c) 可知，萤石、重晶石与 OHA 作用后，矿物表面在 400eV 左右出现 N 1s 峰，表明 OHA 在萤石、重晶石表面产生吸附；萤石、重晶石先后与 EDTA 及 OHA 作用后，矿物 N 1s 峰消失，表明 EDTA 的作用阻碍了 OHA 在萤石、重晶石表面的吸附，从而对萤石、重晶石的浮选起到抑制作用，这与浮选试验、Zeta 电位测试结果相一致。

7.2.2.2 氟碳铈矿、萤石、重晶石与 EDTA 及 OHA 作用表面相对原子浓度分析

表 7.4 为氟碳铈矿、萤石、重晶石与 EDTA 及 OHA 作用前后表面相对原子浓度。氟碳铈矿、萤石、重晶石与 OHA 作用后，矿物表面 Ce 3d、Ca 2p、Ba 3d 浓度分别降低 0.47%、7.38%、3.84%，结合三种矿物 XPS 全谱均出现 N 1s 峰分析，这是 OHA 阴离子吸附在矿物表面 Ce、Ca、Ba 活性位点上造成的。

氟碳铈矿、萤石、重晶石与 EDTA 作用后，矿物表面 Ce 3d、Ca 2p、Ba 3d 浓度分别降低 0.32%、4.52%、6.96%，结合三种矿物 XPS 全谱均未出现 N 1s 峰分析，这可能是由于 EDTA 与氟碳铈矿、萤石、重晶石表面的 Ce、Ca、Ba 原子产生络合反应，生成可溶性 EDTA-Ce/Ca/Ba 进入溶液所致。

氟碳铈矿、萤石、重晶石与 EDTA 及 OHA 作用后，较矿物仅与 EDTA 作用时，氟碳铈矿表面 Ce 3d 元素质量分数继续大幅度降低 0.48%，而萤石、重晶石表面 Ca 2p、Ba 3d 元素质量分数仅分别小幅度降低 0.05%、0.29%，结合氟碳铈矿与 EDTA 及 OHA 作用后矿物表面 N 1s 元素浓度由氟碳铈矿仅与 OHA 作用时的 1.82% 降低至 1.53%，萤石、重晶石与 EDTA 及 OHA 作用后矿物表面 N 1s 元素浓度由萤石、重晶石仅与 OHA 作用时的 1.22%、0.55% 均降至 0，这可能是氟碳铈矿与 EDTA 作用后，其表面剩余的 Ce^{3+} 组分活性位点仍可大量吸附 OHA，萤石、重晶石与 EDTA 作用后，矿物表面有效的活性位点已被 EDTA 络合掉，其表面不再有 OHA 吸附。

结果表明，EDTA 络合氟碳铈矿表面 Ce 活性位点能力较弱，对 OHA 在氟碳铈矿表面的吸附影响较小，而 EDTA 络合萤石、重晶石表面 Ca、Ba 活性位点能力强，矿物表面负电位高，与 OHA 斥力强，强烈阻碍了 OHA 在其表面的吸附，从而达到选择性抑制效果，这与浮选试验、Zeta 电位测试结果相一致。

表 7.4 氟碳铈矿、萤石、重晶石与 OHA 作用前后表面相对原子浓度

样品	原子浓度/%				
	Ce 3d	F 1s	C 1s	O 1s	N 1s
氟碳铈矿	4.20	6.23	51.65	37.92	
氟碳铈矿+OHA	3.73	5.74	52.44	36.26	1.82
氟碳铈矿+EDTA	3.88	6.36	47.35	42.41	
氟碳铈矿+EDTA+OHA	3.40	5.60	50.53	38.94	1.53

样品	原子浓度/%				
	Ca 2p	F 1s	C 1s	O 1s	N 1s
萤石	34.47	46.76	13.04	5.73	
萤石+OHA	27.09	32.69	32.04	6.60	1.22
萤石+EDTA	29.95	35.95	23.77	10.33	
萤石+EDTA+OHA	29.90	36.96	24.65	8.49	

样品	原子浓度/%				
	Ba 3d	S 1s	C 1s	O 1s	N 1s
重晶石	9.95	13.09	42.60	34.36	
重晶石+OHA	6.11	7.46	60.63	25.25	0.55
重晶石+EDTA	2.99	4.50	75.67	16.84	
重晶石+EDTA+OHA	2.70	4.94	73.80	18.56	

7.2.2.3 氟碳铈矿、萤石、重晶石与 EDTA 及 OHA 作用表面元素 XPS 高分辨谱

图 7.13 所示为氟碳铈矿、萤石、重晶石与 EDTA 及 OHA 作用前后的 Ce 3d、Ca 2p、Ba 3d XPS 高分辨谱及分峰拟合图。

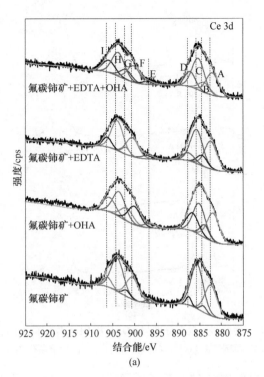

(a)

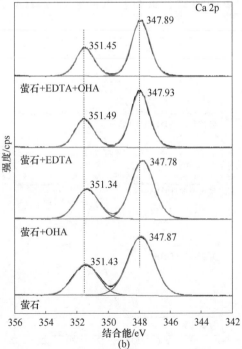

(b)

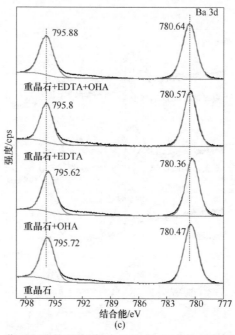

图7.13 氟碳铈矿、萤石和重晶石分别与 EDTA 及 OHA 作用前后的表面元素高分辨谱
(a) 氟碳铈矿-Ce 3d；(b) 萤石-Ca 2p；(c) 重晶石-Ba 3d

图 7.14 所示为氟碳铈矿、萤石、重晶石与 EDTA 及 OHA 作用前后的
O 1s XPS 高分辨谱。

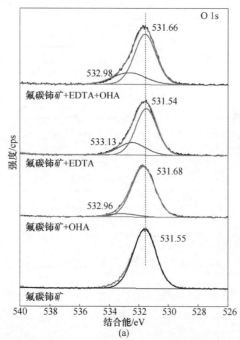

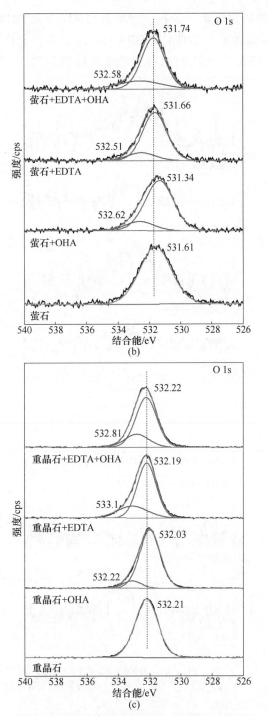

图 7.14 氟碳铈矿、萤石和重晶石分别与 EDTA 及 OHA 作用前后的 O 1s 高分辨谱

(a) 氟碳铈矿；(b) 萤石；(c) 重晶石

扫描二维码
查看彩图

图7.15 所示为氟碳铈矿、萤石、重晶石与 EDTA 及 OHA 作用前后的 N 1s XPS 高分辨谱。氟碳铈矿与 EDTA 及 OHA 作用后，表面仍出现较强的 N 1s 峰；萤石、重晶石与 EDTA 及 OHA 作用后，表面 N 1s 峰消失。

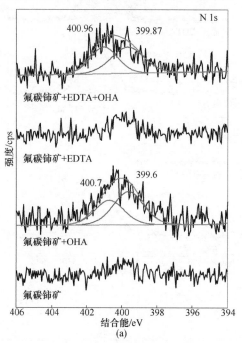

(a)

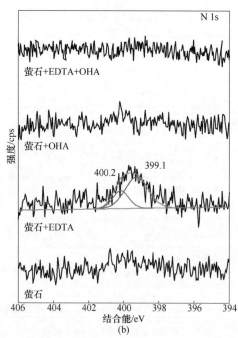

(b)

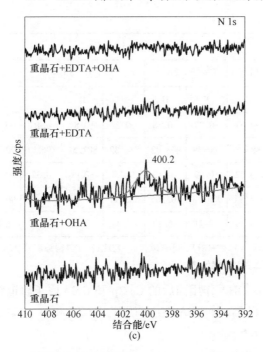

图 7.15 氟碳铈矿、萤石和重晶石分别与 EDTA 及 OHA 作用前后的 N 1s 高分辨谱
（a）氟碳铈矿；（b）萤石；（c）重晶石

7.2.2.4 氟碳铈矿、萤石、重晶石与 EDTA 及 OHA 作用表面元素结合能变化

表 7.5 为氟碳铈矿与 EDTA 及 OHA 作用前后的 Ce 3d 和 O 1s 原子轨道结合能及结合能位移情况。氟碳铈矿与 OHA 作用后，Ce 3d 峰发生 0.08 ~ 0.84eV 的偏移，O 1s 峰发生 0.13eV 的偏移，表明 OHA 在氟碳铈矿表面发生化学吸附；氟碳铈矿与 EDTA 作用后，Ce 3d 峰发生 0.02 ~ 0.32eV 的偏移，O 1s 峰发生 0.02eV 的偏移，表明 EDTA 并未在氟碳铈矿表面发生化学吸附；氟碳铈矿与 EDTA 及 OHA 作用后，较氟碳铈矿与 EDTA 作用时 Ce 3d 峰发生 0.05 ~ 0.49eV 的偏移，O 1s 峰发生 0.12eV 的偏移，表明 OHA 在 EDTA 作用后的氟碳铈矿表面仍发生了化学吸附。

表 7.5 氟碳铈矿与 EDTA 及 OHA 作用前后的元素轨道结合能

样品	结合能/eV									
	Ce(Ⅲ) $3d_{5/2}$		Ce(Ⅲ) $3d_{3/2}$		Ce(Ⅳ) $3d_{5/2}$			Ce(Ⅳ) $3d_{3/2}$		O 1s
	A	C	F	H	B	D	E	G	I	
①	882.44	885.62	900.48	903.95	884.17	887.6	896.59	901.9	906.18	531.55
②	881.97	885.11	900.11	903.57	883.95	886.76	896.75	901.82	905.78	531.68

续表7.5

样品	结合能/eV									
	Ce(Ⅲ) 3d$_{5/2}$		Ce(Ⅲ) 3d$_{3/2}$		Ce(Ⅳ) 3d$_{5/2}$			Ce(Ⅳ) 3d$_{3/2}$		O 1s
	A	C	F	H	B	D	E	G	I	
②-①	-0.47	-0.51	-0.37	-0.38	-0.22	-0.84	0.16	-0.08	-0.4	0.13
③	882.31	885.6	900.39	903.82	884.32	887.54	896.91	901.87	906.12	531.54
③-①	-0.13	-0.02	-0.09	-0.13	0.15	-0.06	0.32	-0.03	-0.06	-0.01
④	882	885.11	900.18	903.65	883.91	887.16	896.82	901.92	905.85	531.66
④-③	-0.31	-0.49	-0.21	-0.17	-0.41	-0.38	-0.09	0.05	-0.27	0.12

注：①氟碳铈矿；②氟碳铈矿+OHA；③氟碳铈矿+EDTA；④氟碳铈矿+EDTA+OHA；②-①、③-①、④-③分别表示二者结合能位移。

萤石与 EDTA 及 OHA 作用前后的 Ca 2p 和 O 1s 原子轨道结合能及结合能位移情况及重晶石与 EDTA 及 OHA 作用前后的 Ba 3d 和 O 1s 原子轨道结合能及结合能位移情况见表7.6。

表7.6   萤石、重晶石与 EDTA 及 OHA 作用前后的元素原子轨道结合能位移

样品	结合能/eV			化学位移/eV		
	O 1s	Ca 2p$_{1/2}$	Ca 2p$_{3/2}$	O 1s	Ca 2p$_{1/2}$	Ca 2p$_{3/2}$
萤石	531.61	351.43	347.87	—	—	—
萤石+OHA	531.34	351.34	347.78	-0.27	-0.09	-0.09
萤石+EDTA	531.66	351.49	347.93	0.05	0.06	0.06
萤石+EDTA+OHA	531.74	351.45	347.89	0.08	-0.04	-0.04

样品	结合能/eV			化学位移/eV		
	O 1s	Ba 3d$_{3/2}$	Ba 3d$_{5/2}$	O 1s	Ba 3d$_{3/2}$	Ba 3d$_{5/2}$
重晶石	532.21	795.72	780.47	—	—	—
重晶石+OHA	532.03	795.62	780.36	-0.18	-0.1	-0.11
重晶石+EDTA	532.19	795.8	780.57	-0.02	0.08	0.1
重晶石+EDTA+OHA	532.22	795.88	780.64	0.03	0.08	0.07

萤石与 OHA 作用后，Ca 2p$_{1/2}$ 和 Ca 2p$_{3/2}$ 峰结合能分别发生 0.09eV、0.09eV 的偏移，O 1s 峰结合能发生 0.27eV 的偏移，表明 OHA 在萤石表面发生化学吸附；萤石与 EDTA 作用后，Ca 2p$_{1/2}$ 和 Ca 2p$_{3/2}$ 峰结合能分别发生 0.06eV、0.06eV 的偏移，O 1s 峰结合能发生 0.05eV 的偏移，Ca 2p、O 1s 峰偏

移程度小，且萤石表面并未出现 N 1s 峰，表明 EDTA 并未在萤石表面吸附；萤石与 EDTA 及 OHA 作用后，较萤石与 EDTA 作用时 Ca $2p_{1/2}$ 和 Ca $2p_{3/2}$ 峰结合能分别发生 0.04eV、0.04eV 的偏移，O 1s 峰结合能发生 0.08eV 的偏移，Ca 2p、O 1s 峰偏移程度小，结合萤石在 EDTA 及 OHA 作用后表面并未出现 N 1s 峰，可以认为 OHA 并未在 EDTA 作用后的萤石表面吸附。

重晶石与 OHA 作用后，Ba $3d_{3/2}$ 和 Ba $3d_{5/2}$ 峰结合能分别发生 0.10eV、0.11eV 的偏移，O 1s 峰结合能发生 0.18eV 的偏移，表明 OHA 在重晶石表面发生化学吸附；重晶石与 EDTA 作用后，Ba $3d_{3/2}$ 和 Ba $3d_{5/2}$ 峰结合能分别发生 0.08eV、0.1eV 的偏移，O 1s 峰结合能发生 0.02eV 的偏移，偏移程度小，表明 EDTA 并未在重晶石表面发生吸附；重晶石与 EDTA 及 OHA 作用后，较重晶石与 EDTA 作用时 Ba $3d_{3/2}$ 和 Ba $3d_{5/2}$ 峰结合能分别发生 0.08eV、0.07eV 的偏移，O 1s 峰结合能发生 0.03eV 的偏移，Ba 3d、O 1s 峰偏移较小，结合重晶石在 EDTA 及 OHA 作用后表面并未出现 N 1s 峰，则 OHA 并未在 EDTA 作用后的重晶石表面吸附。

7.2.3 矿物表面 OHA 络合物及 EDTA 络合物相互转化溶液化学计算

为进一步阐明 EDTA 选择性抑制萤石、重晶石的机制，进行 Ce、Ca、Ba 羟肟酸盐和 EDTA 络合物相互转化溶液化学计算。OHA 在氟碳铈矿、萤石和重晶石表面主要以 Ce-OHA、Ca-OHA 和 Ba-OHA 金属羟肟酸络合物形式存在，通过计算，得出在 EDTA 存在条件下，金属羟肟酸络合物转化为可溶性 Ce-EDTA 和 Ca-EDTA、Ba-EDTA 络合物的反应吉布斯自由能变化情况，如图 7.16 所示。

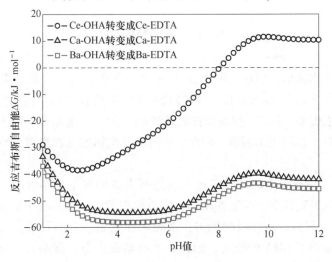

图 7.16 M-OHA 转化为 M-EDTA 的吉布斯自由能变化与 pH 值的关系

(M 为 Ce、Ca 或者 Ba)

由图 7.16 可以看出，在 pH 值为 9.5 时，Ce-OHA 转化为 Ce-EDTA 的反应吉布斯自由能 $\Delta G_1^\ominus > 0$，表明该反应不能自发进行，而 Ca-OHA 和 Ba-OHA 转化为 Ca-EDTA 和 Ba-EDTA 的反应吉布斯自由能 $\Delta G_2^\ominus < 0$、$\Delta G_3^\ominus < 0$，从热力学上可自发进行。以上分析表明浮选 pH 值为弱碱性时，EDTA 可选择性的将萤石和重晶石表面以羟肟酸金属络合物 Ca-OHA 和 Ba-OHA 形式吸附的捕收剂 OHA 解吸清除，从而在氟碳铈矿浮选过程中对萤石、重晶石能起到选择性的抑制作用，这与上述实验结果相一致。

结果表明，EDTA 和 OHA 在氟碳铈矿、萤石和重晶石表面作用机理为：

（1）萤石表面 Ca—F 键断裂产生—F$^-$ 和—F—Ca$^+$悬空键，与 OHA 作用后，OHA 在萤石表面—F—Ca$^+$活性位点以 Ca-OHA 螯合物吸附及在—F$^-$位点以氢键作用形式吸附；在 EDTA 和 OHA 共同存在时，EDTA 能将萤石表面吸附的—Ca-OHA 解吸转化为可溶的 Ca-EDTA 络合物，清除 OHA 在萤石表面的吸附；

（2）重晶石表面 Ba—O 键断裂产生—O$^-$ 和—O—Ba$^+$悬空键，与 OHA 作用后，OHA 在重晶石表面—O—Ba$^+$活性位点以 Ba-OHA 螯合物吸附及在—O$^-$位点以氢键作用形式吸附；在 EDTA 和 OHA 共同存在时，EDTA 能将重晶石表面吸附的—Ba-OHA 解吸转化为可溶的 Ba-EDTA 络合物，清除 OHA 在重晶石表面的吸附；

（3）氟碳铈矿表面 Ce—F 键断裂产生—F$^-$ 和—F—Ce^{2+}悬空键，OHA 在氟碳铈矿表面—F—Ce^{2+}活性位点以 Ce-OHA 螯合物吸附及在—F$^-$位点以氢键作用形式吸附，EDTA 对氟碳铈矿表面吸附的—Ce-OHA 螯合物解吸能力较弱，对 OHA 在氟碳铈矿表面的吸附影响较小，从而起到选择性抑制萤石、重晶石的效果。

7.3　本章小结

本章通过水玻璃、EDTA 及 OHA 作用前后氟碳铈矿、萤石、重晶石 Zeta 电位测试，XPS 分析和 Ce/Ca/Ba 羟肟酸盐和 EDTA 络合物相互转化溶液化学计算等方法，对水玻璃、EDTA 抑制剂在氟碳铈矿和萤石、重晶石矿物表面的作用形式进行了研究，以明确水玻璃、EDTA 对钡脉石矿物的选择性抑制作用机制。得到以下结论：

（1）水玻璃在氟碳铈矿、萤石、重晶石表面均发生化学吸附，但水玻璃在氟碳铈矿表面吸附较少，抑制作用弱；水玻璃在萤石、重晶石表面吸附能力强于 OHA 在萤石、重晶石表面吸附能力，水玻璃在萤石、重晶石表面吸附量大，抑制作用强，阻碍了 OHA 的吸附，因此，水玻璃在萤石、重晶石、氟碳铈矿表面选择性吸附是其选择性抑制作用的主要机制。

（2）EDTA 选择性抑制萤石、重晶石机理为：

　　1）EDTA 可与氟碳铈矿、萤石、重晶石表面的 Ce、Ca、Ba 原子均可产生络合反应，生成可溶性 EDTA-Ce/Ca/Ba 进入溶液，但 EDTA 对萤石、重晶石表面 Ca、Ba 原子络合能力强，可显著降低萤石、重晶石表面活性位点数量；

　　2）EDTA 可选择性的将萤石、重晶石表面以羟肟酸金属络合物 Ca-OHA 和 Ba-OHA 形式吸附的捕收剂 OHA 解吸清除，而不能络合清除氟碳铈矿表面以 Ce-OHA 形式吸附的 OHA，从而起到选择性抑制作用。因此，EDTA 对萤石、重晶石浮选体系的"表面清洗-络合转化"作用是其选择性抑制的主要作用机制。

8 白云鄂博稀土矿浮选复合抑制剂应用实践

以上章节通过单矿浮选试验、混合矿物浮选分离试验以及溶液化学计算、Zeta 电位测试、红外光谱测试、XPS 测试等手段，探明了矿浆中难免金属离子 Ce^{3+} 对钙钡脉石矿物（萤石、重晶石）浮选的活化机制，并发现利用络合抑制剂 EDTA 可消除 Ce^{3+} 的活化作用；探明了 Ca^{2+} 对水玻璃抑制氟碳铈矿的增抑作用机理，发现络合抑制剂 EDTA 可消除由于 Ca^{2+} 和水玻璃在氟碳铈矿表面共吸附而产生的抑制效果，增强水玻璃的抑制选择性。

本章以白云鄂博矿磁选稀土粗精矿为研究对象，进行实际矿物浮选试验研究，在稀土浮选过程中考查稀土矿伴生钙钡脉石矿物选择性抑制剂 EDTA 与水玻璃组合使用的实际应用效果及前景。

8.1 稀土浮选单一抑制剂与复合抑制剂对比试验

通过对比白云鄂博矿常规药剂制度（单一水玻璃作为抑制剂）浮选稀土和 EDTA 与水玻璃组合使用作为抑制剂时浮选稀土的指标，来判定 EDTA 与水玻璃组合抑制剂的应用效果。试验流程如图 8.1 和图 8.2 所示，浮选试验结果见表 8.1。

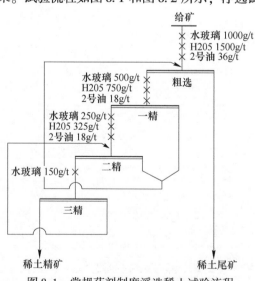

图 8.1 常规药剂制度浮选稀土试验流程

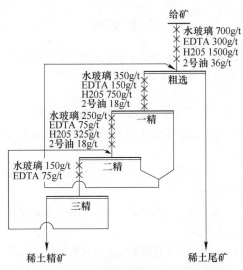

图 8.2　组合抑制剂浮选稀土试验流程

表 8.1　浮选试验结果对比

抑制剂		产品	产率/%	REO 品位/%	REO 回收率/%
种类	粗选用量/g·t⁻¹				
单一水玻璃	1000	精矿	9.06	58.37	54.07
		尾矿	90.94	4.94	45.93
		给矿	100.00	9.78	100.00
水玻璃+EDTA 组合抑制剂	700+300	精矿	8.31	62.50	53.11
		尾矿	91.69	5.00	46.89
		给矿	100.00	9.78	100.00

由表 8.1 可知，采用"水玻璃+EDTA"组合抑制剂浮选试验，最终获得稀土品位 62.50%，回收率 53.11%的稀土精矿，较采用单一水玻璃作抑制剂浮选稀土时，在稀土回收率持平的情况下，稀土品位提高 4.13 个百分点，结果表明"水玻璃+EDTA"组合抑制剂浮选稀土时，可有效提高稀土精矿品位，效果优于单一水玻璃抑制剂。

8.2　本章小结

采用"水玻璃+EDTA"组合抑制剂，最终由稀土品位 9.78%的浮选给矿，获得了稀土品位 62.50%，回收率 53.11%的稀土精矿，较采用单一水玻璃作抑制剂浮选稀土时，在稀土回收率持平的情况下，稀土品位提高 4.13 个百分点，结果表明"水玻璃+EDTA"组合抑制剂浮选稀土时，可有效提高稀土精矿品位，效果优于单一水玻璃抑制剂。结果表明，组合抑制剂在白云鄂博共伴生矿稀土选矿过程中应用效果显著。

参考文献

[1] 李良才. 稀土提取与分离 [M]. 内蒙古：内蒙古科学技术出版社, 2011.

[2] 余永富. 我国稀土矿选矿技术及其发展 [J]. 中国矿业大学学报, 2001, 30 (6)：537-542.

[3] 马鹏起. 稀土报告文集 [M]. 北京：冶金工业出版社, 2012.

[4] 曹永丹, 曹钊, 李解, 等. 白云鄂博稀土浮选研究现状及进展 [J]. 矿山机械, 2013, 41 (1)：93-96.

[5] 李春龙, 李小钢, 徐广尧. 白云鄂博共伴生矿资源综合利用技术开发与产业化 [J]. 稀土, 2015, 36 (5)：151-158.

[6] 马莹, 李娜, 王其伟, 等. 白云鄂博矿稀土资源的特点及研究开发现状 [J]. 中国稀土学报, 2016, 34 (6)：641-649.

[7] 高鹏, 韩跃新, 李艳军, 等. 白云鄂博氧化矿石深度还原-磁选试验研究 [J]. 东北大学学报（自然科学版）, 2010, 31 (6)：886-889.

[8] 姬俊梅. 包头矿氧化矿浮选尾矿中回收铁和稀土的选矿工艺 [P]. 中国专利：CN201310178525. X, 2013-09-04.

[9] 李解, 张邦文, 王磊, 等. 从稀选尾矿中提取稀土的方法 [P]. 中国专利：CN201110084544. 7, 2011-09-14.

[10] 柳召刚, 高凯, 张栋梁, 等. 一种从白云鄂博尾矿中浮选稀土的方法 [P]. 中国专利：CN201110224271. 1, 2011-07-28.

[11] 吕宪俊, 陈丙辰. 某尾矿中稀土的赋存状态及其综合回收研究 [J]. 矿产保护与利用, 1998 (4)：24-26.

[12] 田俊德, 刘跃. 从包钢选矿厂选铁尾矿中回收稀土研究概况与生产实践 [J]. 稀土, 1999 (5)：54-58.

[13] 张永, 马鹏起, 车丽萍, 等. 包钢尾矿回收稀土的试验研究 [J]. 稀土, 2010 (2)：93-96.

[14] 姚志明, 宋传兵, 张齐. 从白云鄂博尾矿中浮选回收稀土 [J]. 金属矿山, 2014 (9)：39-42.

[15] 熊文良, 陈炳炎. 四川冕宁稀土矿选矿试验研究 [J]. 稀土, 2009, 30 (3)：89-92.

[16] 王介良, 曹钊, 李解, 等. 包钢稀土选矿厂稀土浮选药剂优化 [J]. 金属矿山, 2013 (11)：74-76.

[17] 曾小波, 邓善芝, 熊文良. 某极低品位稀土矿选矿提纯试验研究 [J]. 矿产综合利用, 2014 (6)：32-34.

[18] 于秀兰, 安磊, 舒燕, 等. 包钢选矿厂尾矿中稀土提取的研究 [J]. 沈阳化工学院学报, 2008 (2)：100-103.

[19] 陈泉源. 包钢选矿厂稀土浮选尾矿选矿综合回收铁的研究 [J]. 矿产保护与利用, 1997 (1)：51-54.

[20] 韩腾飞, 李解, 韩继铖, 等. 包钢尾矿配加瓦斯灰微波磁化焙烧—磁选试验 [J]. 金属

矿山，2014（7）：164-167.

[21] 赵瑞超，张邦文. 从稀土浮选稀土尾矿中高梯度磁选回收铁 [A]. 见：冶金循环经济发展论坛论文集 [C]. 北京：冶金工业出版社，2008.

[22] 杨合，荣宜，薛向欣，等. 包头稀土尾矿回收铁的直接还原研究 [J]. 中国稀土学报，2012，30（4）：470-475.

[23] 王鑫，林海，董颖博，等. 不同磁浮工艺对综合回收某稀土尾矿中稀土、铁、铌和萤石的影响 [J]. 稀有金属，2014，38（5）：846-854.

[24] 毕松梅，徐利华. 盐酸酸洗对包钢尾矿中稀土富集的作用 [J]. 稀土，2008，29（6）：54-56.

[25] 王青春. 白云鄂博尾矿某些稀有元素的提取研究 [D]. 沈阳：东北大学，2008.

[26] 罗家珂，陈祥涌. 从萤石、重晶石、方解石中优先浮选稀土矿物的研究 [J]. 中国稀土学报，1985（3）：7-12.

[27] 余永富，罗积扬，李养正. 白云鄂博中贫氧化矿铁、稀土选矿试验研究 [J]. 矿冶工程，1992（1）：15-20.

[28] 林东鲁，李春龙，邹虎林. 白云鄂博特殊矿采选冶金工艺攻关与技术进步 [M]. 北京：冶金工业出版社，2006.

[29] 车丽萍，余永富，庞金兴，等. 羟肟酸类捕收剂在稀土矿物浮选中的应用及发展 [J]. 稀土，2004，25（3）：49-54.

[30] 李勇，左继成，刘艳辉. 羟肟酸类捕收剂在稀土选矿中的应用与研究进展 [J]. 有色矿冶，2007，23（3）：30-33.

[31] 赵春晖，陈宏超，岳学晨. 新型浮选药剂 LF-8、LF-6 在稀土选矿生产中的应用 [J]. 稀土，2000，21（3）：1-3.

[32] 陈福林，汪传松，巨星，等. 四川稀土矿开发利用现状 [J]. 现代矿业，2017（2）：102-105.

[33] 侯晓志，王振江，杨占峰，等. 四川冕宁稀土精矿中钍的赋存状态及分布规律研究 [J]. 有色金属（选矿部分），2018（1）：16-20.

[34] 熊述清. 四川某地稀土矿重浮联合选矿试验研究 [J]. 矿产综合利用，2002（5）：3-6.

[35] 田俊德. 四川牦牛坪氟碳铈矿选矿工艺的探讨 [J]. 有色冶金，1997（4）：18-22.

[36] 张宗华，罗长青，杨得，等. 德昌大陆槽稀土矿选矿试验研究 [J]. 稀土，1998，19（5）：4-12.

[37] 邱雪明，陆智，程秦豫. 四川某稀土矿选矿工艺试验 [J]. 有色金属工程，2015（5）：46-49.

[38] 李芳积，曾兴兰. 牦牛坪氟碳铈矿选矿工艺 [J]. 上海第二工业大学学报，2003，20（1）：10-16.

[39] 王成行，胡真，邱显扬，等. 磁选-重选-浮选组合新工艺分选氟碳铈矿型稀土矿的试验研究 [J]. 稀有金属，2017，41（10）：1151-1158.

[40] 王成行，胡真，邱显扬，等. 强磁选预富集氟碳铈型稀土矿的可行性 [J]. 稀土，2016，37（3）：56-62.

[41] 张臻悦, 何正艳, 徐志高, 等. 中国稀土矿稀土配分特征 [J]. 稀土, 2016, 37 (1): 121-127.

[42] 冯婕, 吕大伟. 微山稀土矿原生矿选矿试验研究 [J]. 稀土, 1999, 20 (3): 7-10.

[43] 冯婕, 吕彦海, 潘明友. 微山稀土矿尾矿综合利用试验研究 [J]. 有色矿山, 2000, 29 (4): 22-26.

[44] 罗家珂, 任俊, 唐芳琼, 等. 我国稀土浮选药剂研究进展 [J]. 中国稀土学报, 2002, 20 (5): 385-391.

[45] 贾艳. 新型捕收剂 H205 在稀土浮选中的应用 [J]. 包钢科技, 1991 (4): 33-36.

[46] 王浩林. 新型羟肟酸捕收剂制备及其对氟碳铈矿浮选特性与机理研究 [D]. 赣州: 江西理工大学, 2018.

[47] 李芳积, 曾兴兰, 朱英江. L102 捕收剂在昌兰稀土选矿厂的应用 [J]. 稀土, 2002, 23 (6): 1-5.

[48] 王成行, 邱显扬, 胡真, 等. 油酸钠对氟碳铈矿的捕收作用机理研究 [J]. 稀土, 2013, 34 (6): 24-30.

[49] 何晓娟, 饶金山, 邱显扬, 等. 油酸钠和十二烷基磺酸钠浮选氟碳铈矿的机理研究 [J]. 材料研究与应用, 2013, 7 (1): 42-45.

[50] 王成行, 邱显扬, 胡真, 等. 水杨羟肟酸对氟碳铈矿的捕收机制研究 [J]. 中国稀土学报, 2014, 32 (6): 727-735.

[51] 饶金山, 何晓娟, 罗传胜, 等. 辛基羟肟酸浮选氟碳铈矿机制研究 [J]. 中国稀土学报, 2015, 33 (3): 370-377.

[52] 任俊, 卢寿慈. N-羟基邻苯二甲酰亚胺与萘羟肟酸对氟碳铈矿的浮选性能研究 [J]. 矿冶, 1997, 6 (4): 38-41.

[53] 任俊, 张伟, 张新民. 从白云鄂博共生铁矿石中优先浮选稀土矿物的研究 [J]. 有色金属 (选矿部分), 1990 (4): 16-19.

[54] 任俊. 稀土与萤石等杂质矿物浮选分离的几种药剂条件 [J]. 稀土, 1990 (2): 59-61.

[55] 任俊. 稀土浮选组合用药与共协效应研究 [J]. 有色金属 (选矿部分), 1992 (3): 6-9.

[56] 任俊, 王文梅. Na$_2$SiO$_3$ 对稀土、萤石等矿物分离的影响 [J]. 稀有金属, 1991 (3): 170-174.

[57] 李娜, 王其伟, 马莹, 等. 弱磁尾矿稀土矿物连生特征及其对浮选的影响 [J]. 中国矿业大学学报, 2018, 47 (5): 1098-1103.

[58] 刘鹏飞. 白钨矿、萤石、方解石的溶解特性及微量热动力学的研究 [D]. 赣州: 江西理工大学, 2018.

[59] 张英. 白钨矿与含钙脉石矿物浮选分离抑制剂的性能与作用机理研究 [D]. 长沙: 中南大学, 2012.

[60] 余永富, 朱超英. 包头稀土选矿技术进展 [J]. 金属矿山, 1999 (11): 18-22.

[61] 徐龙华, 田佳, 巫侯琴, 等. 复杂伟晶岩铝硅酸盐矿物晶体结构与表面特性和可浮性的关系 [J]. 金属矿山, 2017 (8): 12-19.

［62］姚金．含镁矿物浮选体系中矿物的交互影响研究［D］．沈阳：东北大学，2014．

［63］于洋，孙传尧，卢烁十．白钨矿与含钙矿物可浮性研究及晶体化学分析［J］．中国矿业大学学报，2013，42（2）：278-283．

［64］宓棉校，沈今川，潘宝明，等．氟碳铈矿和氟铈矿晶体结构的精确测定［J］．地球科学，1996，21（1）：66-70．

［65］阳正熙，A Jones，蒲广平．四川冕宁牦牛坪稀土矿床地质特征［J］．矿物岩石，2000，20（2）：28-34．

［66］伍喜庆，胡聪，李国平，等．萤石与金云母浮选分离研究［J］．非金属矿，2012，35（5）：21-24．

［67］卢烁十．几种硫酸盐矿物浮选的晶体化学研究［D］．沈阳：东北大学，2008．

［68］黄小芬，张覃．胶磷矿晶体结构研究［J］．矿物学报，2011，31（3）：566-570．

［69］郎印海，刘伟，王慧．生物炭对水中五氯酚的吸附性能研究［J］．中国环境科学，2014，34（8）：2017-2023．

［70］任浏祎，邱航，覃文庆．辛基羟肟酸浮选锡石的机理［J］．中国矿业大学学报，2017，46（6）：1364-1371．

［71］王淀佐，胡岳华．浮选溶液化学［M］．长沙：湖南科学技术出版社，1988．

［72］张英，胡岳华，王毓华．硅酸钠对含钙矿物浮选行为的影响及作用机理［J］．中国有色金属学报，2014，24（9）：2366-2372．

［73］彭文世，刘高魁．矿物红外光谱图集［M］．北京：科学出版社，1982．

［74］高跃升，高志勇，孙伟．萤石表面性质各向异性研究及进展［J］．中国有色金属学报，2016，26（2）：415-422．

［75］Jordens A, Cheng Y P, Waters K E. A review of the beneficiation of rare earth element bearing minerals［J］. Minerals Engineering, 2013, 41：97-114.

［76］Binnemans K, Jones P T, Blanpain B, et al. Recycling of rare earths：a critical review［J］. Journal of Cleaner Production, 2013, 51：1-22.

［77］Kumari A, Panda R, Jha M K, et al. Process development to recover rare earth metals from monazite mineral：A review［J］. Minerals Engineering, 2015, 79：102-115.

［78］Chen Z. Global rare earth resources and scenarios of future rare earth industry［J］. Journal of Rare Earths, 2011, 29（1）：1-6.

［79］Kanazawa Y, Kamitani M. Rare earth minerals and resources in the world［J］. Journal of Alloys and Compounds, 2006, 408-412：1339-1343.

［80］Jordens A, Marion C, Grammatikopoulo T, et al. Beneficiation of the Nechalacho rare earth deposit：Flotation response using benzohydroxamic acid［J］. Minerals Engineering, 2016, 99：158-169.

［81］Chelgani S C, Rudolph M, Leistner T, et al. A review of rare earth minerals flotation：Monazite and xenotime［J］. International Journal of Mining Science and Technology, 2015, 25：877-883.

［82］Klinger J M. A historical geography of rare earth elements：From discovery to the atomic age

[J]. The Extractive Industries and Society, 2015, 2 (3): 572-580.

[83] Zhou F, Wang L, Xu Z, et al. Application of reactive oily bubbles to bastnaesite flotation [J]. Minerals Engineering, 2014, 64: 139-145.

[84] Li M, Gao K, Zhang D, et al. The influence of temperature on rare earth flotation with naphthyl hydroxamic acid [J]. Journal of Rare Earths, 2018, 36 (1): 99-107.

[85] Liu W, McDonald L W, Wang X, et al. Bastnaesite flotation chemistry issues associated with alkyl phosphate collectors [J]. Minerals Engineering, 2018, 127: 286-295.

[86] Oliveira M S, Santana R C, Ataíde C H, et al. Recovery of apatite from flotation tailings [J]. Separation and Purification Technology, 2011, 79: 79-84.

[87] Wübbeke J. Rare earth elements in China: policies and narratives of reinventing an industry [J]. Resources Policy, 2013, 38 (3): 384-394.

[88] Liu Y, Zhu Z, Chen C, et al. Geochemical and mineralogical characteristics of weathered ore in the Dalucao REE deposit, Mianning-Dechang REE Belt, western Sichuan Province, southwestern China [J]. Ore Geology Reviews, 2015, 71: 437-456.

[89] Xiong W, Deng J, Chen B, et al. Flotation-magnetic separation for the beneficiation of rare earth ores [J]. Minerals Engineering, 2018, 119: 49-56.

[90] Xu C, Zhong C, Lyu R, et al. Process mineralogy of weishan rare earth ore by MLA [J]. Journal of Rare Earths, 2019, 37 (3): 334-338.

[91] Zhang J, Edwards C. A review of rare earth mineral processing technology [A]. In: 44th Annual Meeting of the Canadian Mineral Processors [C]. Ottawa. 2012: 79-102.

[92] Pradip. The surface properties and flotation of rare-earth minerals [D]. Berkeley: University of California, 1981.

[93] Zhang X, Du H, Wang X, et al. Surface chemistry aspects of bastnaesite flotation with octyl hydroxamate [J]. International Journal of Mineral Processing, 2014, 133: 29-38.

[94] Abaka-Wood G B, Addai-Mensah J, Skinner W. A study of selective flotation recovery of rare earth oxides from hematite and quartz using hydroxamic acid as a collector [J]. Advanced Powder Technology, 2018, 29 (8): 1886-1899.

[95] Ferron C J, Bulatovic S M, Salter R S. Beneficiation of rare earth oxide minerals [J]. Materials Science Forum, 1991, 70-72: 251-270.

[96] Liu W, Wang X, Wang Z, et al. Flotation chemistry features in bastnaesite flotation with potassium lauryl phosphate [J]. Minerals Engineering, 2016, 85: 17-22.

[97] Ren J, Wang W M, Luo J K. Progress of flotation reagents of rare earth minerals in China [J]. Journal of Rare Earths, 2003, 21 (1): 1-8.

[98] Houot R, Cuif J P, Mottot Y, et al. Recovery of rare earth minerals with emphasis on flotation process [A]. In: International Conference on Rare Earth Minerals and Minerals for Electronic Uses [C]. Hat Yai: Prince Songkla University, 1991: 301-324.

[99] Ni X, Parrent M, Cao M, et al. Developing flotation reagents for niobium oxide recovery from carbonatite Nb ores [J]. Minerals Engineering, 2012, 36-38: 111-118.

[100] Srdjan M, Bulatovic. Handbook of Flotation Reagents: Chemistry, Theory and Practice [M]. Oxford: Elsevier Science & Technology, 2010: 151-173.

[101] Pradip P, Fuerstenau D W. Design and development of novel flotation reagents for the beneficiation of Mountain Pass rare-earth ore [J]. Minerals & Metallurgical Processing, 2013, 30 (1): 1-9.

[102] He X J, Vaisey M. Research on process development for Mt Weld rare earths resources of Australia [A]. Proceedings of XXVI International Mineral Processing Congress [C]. New Delhi: New Concept Information Systems Pvt. Ltd., 2012: 140.

[103] Ren J, Lu S. Study on behavior of n-hydroxyl phathalicimide and naphthyl hydroxamic acid in bastnaesite flotation [J]. Mining & Metallurgy, 1997, 4: 38-41.

[104] Ren J, Lu S, Song S. A new collector for rare earth mineral flotation [J]. Minerals Engineering, 1997, 10 (12): 1395-1404.

[105] Cheng J Z, Hou Y B, Che L P. Flotation separation on rare earth minerals and gangues [J]. Journal of Rare Earths, 2007, S1: 62-66.

[106] Pavez O, Brandao P R G, Peres A E C. Adsorption of oleate and octyl-hydroxamate on to rare-earths minerals [J]. Minerals Engineering, 1996, 9 (3): 357-366.

[107] Pradip, Fuerstenau D W. The adsorption of hydroxamate on semi-soluble minerals Part I: Adsorption on barite, calcite and bastnaesite [J]. Colloids and Surfaces, 1983, 8 (2): 103-119.

[108] Pradip, Fuerstenau D W. Adsorption of hydroxamate collectors on semi-soluble minerals Part II: Effect of temperature on adsorption [J]. Colloids and Surfaces, 1985, 15: 137-146.

[109] Zakharov A, Ilie P, Polkin S, et al. Reaction of sodium sulfide with pyrochlore, zircon, and monazite in flotation with sodium oleate [J]. Minerals, 1967: 71-82.

[110] Bogdanov O, Podnek A, Rjaboy V, et al. Reagents chemisorption on minerals as a process of formation of surface compounds with a coordination bond [A]. In: Proceedings of the XXI international mineral processing congress [C]. San Paulo Brazil, 1977: 280-303.

[111] Cheng T W, Holtham P N, Tran T. Froth flotation of monazite and xenotime [J]. Minerals Engineering, 1993, 6 (4): 341-351.

[112] Zhang X, Du H, Wang X, et al. Surface chemistry considerations in the flotation of rare-earth and other semisoluble salt minerals [J]. Minerals & Metallurgical Processing, 2013, 30 (1): 24-37.

[113] Zhang X. Surface chemistry aspects of fluorite and bastnaesite flotation systems [D]. Salt Lake City: The University of Utah, 2014.

[114] Cui J, Hope G A, Buckley A N. Spectroscopic investigation of the interaction of hydroxamate with bastnaesite (cerium) and rare earth oxides [J]. Minerals Engineering, 2012, 36-38: 91-99.

[115] Raghavan S, Fuerstenau D. The adsorption of aqueous octylhydroxamate on ferric oxide [J]. Journal of Colloid and Interface Science, 1975, 50 (2): 319-330.

[116] Fuerstenau D W, Pradip. Mineral flotation with hydroxamate collectors [J]. Reagents in the Minerals Industry, 1984, 161-168.

[117] Zech O, Haase M F, Shchukin D G, et al. Froth flotation via microparticle stabilized foams [J]. Colloids and Surfaces A: Physicochemical and Engineering Aspects, 2012, 413: 2-6.

[118] Zhou F, Wang L X Xu Z H, et al. Interaction of reactive oily bubble in flotation of bastnaesite [J]. Journal of Rare Earths, 2014, 32 (8): 772-778.

[119] Liu W, Wang X, Xu H, et al. Lauryl phosphate adsorption in the flotation of Bastnaesite, (Ce,La)FCO$_3$ [J]. Journal of Colloid and Interface Science, 2017, 490: 825-833.

[120] Ferron C J, Bulatovic S M, Salter R S. Beneficiation of rare earth oxide minerals [A]. In: International Conference on Rare Earth Minerals and Minerals for Electronic Uses [C]. Hat Yai: Prince Songkla University, 1991: 251-269.

[121] Pradip, Fuerstenau D W. The role of inorganic and organic reagents in the flotation separation of rare-earth ores [J]. International Journal of Mineral Processing, 1991, 32 (1/2): 1-22.

[122] Fuerstenau D W, Pradip, Herrera-Urbina R. The surface chemistry of bastnaesite, barite and calcite in aqueous carbonate solutions [J]. Colloids and Surfaces, 1992, 68 (1-2): 95-102.

[123] Espiritu E R L, da Silva G R, Azizi D, et al. The effect of dissolved mineral species on bastnäsite, monazite and dolomite flotation using benzohydroxamate collector [J]. Colloids and Surfaces A: Physicochemical and Engineering Aspects, 2018, 539: 319-334.

[124] Jordens A, Marion C, Kuzmina O, et al. Surface chemistry considerations in the flotation of bastnäsite [J]. Minerals Engineering, 2014, 66-68: 119-129.

[125] Zhang H, Zhao Z, Xu X, et al. Study on industrial wastewater treatment using superconducting magnetic separation [J]. Cryogenics, 2011, 51 (6): 225-228.

[126] Zhao Y, Xi B, Li Y, et al. Removal of phosphate from wastewater by using open gradient superconducting magnetic separation as pretreatment for high gradient superconducting magnetic separation [J]. Separation and Purification Technology, 2012, 86: 255-261.

[127] Okada S, Mishima F, Akiyama Y, et al. Fundamental study on recovery of resources by magnetic separation using superconducting bulk magnet [J]. Physica C: Superconductivity and Its Applications, 2011, 471 (21): 1520-1524.

[128] Xu J, Xiong D, Song S, et al. Superconducting pulsating high gradient magnetic separation for fine weakly magnetic ores: Cases of kaolin and chalcopyrite [J]. Results in Physics, 2018, 10: 837-840.

[129] Li Y, Wang J, Wang X, et al. Feasibility study of ironmineral separation from red mud by high gradient superconducting magnetic separation [J]. Physica C: Superconductivity, 2011, 471 (3): 91-96.

[130] Watson J. Status of superconducting magnetic separation in the minerals industry [J]. Minerals Engineering, 1994, 7 (5): 737-746.

[131] Gaudin A M, Malozemoff P. Recovery by flotation of mineral particles of colloidal size [J]. Chemical Communications, 2002, 49 (74): 8196-8198.

[132] Waters K E, Rowson N A, Greenwood R W, et al. Characterising the effect of microwave radiation on the magnetic properties of pyrite [J]. Separation and Purification Technology, 2007, 56 (1): 9-17.

[133] Jordens A, Sheridan R S, Rowson N A, et al. Processing a rare earth mineral deposit using gravity and magnetic separation [J]. Minerals Engineering, 2014, 62: 9-18.

[134] Zhang W, Honaker R Q, Groppo J G. Flotation of monazite in the presence of calcite Part I : Calcium ion effects on the adsorption of hydroxamic acid [J]. Minerals Engineering, 2017, 100: 40-48.

[135] Zhang C H, Gao Z Y, Hu Y H, et al. The effect of polyacrylic acid on the surface properties of calcite and fluorite aiming at their selective flotation [J]. Physicochemical Problems of Mineral Processing, 2018, 54 (3): 868-877.

[136] Chen G L, Tao D, Ren H, et al. An investigation of niobite flotation with octyl diphosphonic acid as collector [J]. International Journal of Mineral Processing, 2005, 76 (1): 111-122.

[137] Castano C E, O'Keefe M J, Fahrenholtz W G. Microstructural evolution of cerium-based coatings on AZ31 magnesium alloys [J]. Surface and Coatings Technology, 2014, 246 (10): 77-84.

[138] Cui J, Hope G A, Buckley A N. Spectroscopic investigation of the interaction of hydroxamate with bastnaesite (cerium) and rare earth oxides [J]. Minerals Engineering, 2012, 36-38: 91-99.

[139] Maslakov K I, Teterin Y A, Popel A J, et al. XPS study of ion irradiated and unirradiated CeO_2 bulk and thin film samples [J]. Applied Surface Science, 2018, 448: 154-162.

[140] Zhang W, Honaker R Q. Flotation of monazite in the presence of calcite Part II : Enhanced separation performance using sodium silicate and EDTA [J]. Minerals Engineering, 2018, 127: 318-328.

[141] Ni X, Liu Q. Notes on the adsorption of octyl hydroxamic acid on pyrochlore and calcite [J]. Colloids & Surfaces A Physicochemical & Engineering Aspects, 2013, 430: 91-94.

[142] Ni X, Liu Q. The adsorption and configuration of octyl hydroxamic acid on pyrochlore and calcite [J]. Colloids & Surfaces A Physicochemical & Engineering Aspects, 2012, 411 (19): 80-86.

[143] Bahadur S, Gong D, Anderegg J. Investigation of the influence of CaS, CaO and CaF_2 fillers on the transfer and wear of nylon by microscopy and XPS analysis [J]. Wear, 1996, 197 (1): 271-279.

[144] Cao Q, Cheng J, Wen S, et al. A mixed collector system for phosphate flotation [J]. Minerals Engineering, 2015, 78: 114-121.

[145] Jong K, Han Y, Ryom S. Flotation mechanism of oleic acid amide on apatite [J]. Colloids and Surfaces A: Physicochemical and Engineering Aspects, 2017, 523: 127-131.

[146] Liu X, Ruan Y, Li C, et al. Effect and mechanism of phosphoric acid in the apatite/dolomite flotation system [J]. International Journal of Mineral Processing, 2017, 167: 95-102.

[147] Li H, Mu S, Weng X, et al. Rutile flotation with Pb^{2+} ions as activator: adsorption of Pb^{2+} at rutile/water interface [J]. Colloids & Surfaces A Physicochemical & Engineering Aspects,

2016, 506: 431-437.

[148] Leeuw N, Cooper T. A computational study of the surface structure and reactivity of calcium fluoride [J]. Journal of Materials Chemistry, 2002, 13 (1): 93-101.

[149] Wang W, Wang H, Wu Q, et al. Comparative study on adsorption and depressant effects of carboxymethyl cellulose and sodium silicate in flotation [J]. Journal of Molecular Liquids, 2018, 268: 140-148.

冶金工业出版社部分图书推荐

书 名	作 者		定价(元)
稀土冶金学	廖春发		35.00
计算机在现代化工中的应用	李立清	等	29.00
化工原理简明教程	张廷安		68.00
传递现象相似原理及其应用	冯权莉	等	49.00
化工原理实验	辛志玲	等	33.00
化工原理课程设计（上册）	朱 晟	等	45.00
化工原理课程设计（下册）	朱 晟	等	45.00
化工设计课程设计	郭文瑶	等	39.00
水处理系统运行与控制综合训练指导	赵晓丹	等	35.00
化工安全与实践	李立清	等	36.00
现代表面镀覆科学与技术基础	孟 昭	等	60.00
耐火材料学（第2版）	李 楠	等	65.00
耐火材料与燃料燃烧（第2版）	陈 敏	等	49.00
生物技术制药实验指南	董 彬		28.00
涂装车间课程设计教程	曹献龙		49.00
湿法冶金——浸出技术（高职高专）	刘洪萍	等	18.00
冶金概论	宫 娜		59.00
烧结生产与操作	刘燕霞	等	48.00
钢铁厂实用安全技术	吕国成	等	43.00
金属材料生产技术	刘玉英	等	33.00
炉外精炼技术	张志超		56.00
炉外精炼技术（第2版）	张士宪	等	56.00
湿法冶金设备	黄 卉	等	31.00
炼钢设备维护（第2版）	时彦林		39.00
镍及镍铁冶炼	张凤霞	等	38.00
炼钢生产技术	李秀娟		49.00
电弧炉炼钢技术	杨桂生	等	39.00
矿热炉控制与操作（第2版）	石 富	等	39.00
有色冶金技术专业技能考核标准与题库	贾菁华		20.00
富钛料制备及加工	李永佳	等	29.00
钛生产及成型工艺	黄 卉	等	38.00
制药工艺学	王 菲	等	39.00